Lazy Ant
懒蚂蚁
微百科

The Little Book of String Theory

弦理论

［美］斯蒂文·斯科特·古布泽 著

Steven S. Gubser

季燕江 译

U0379331

重庆大學出版社

引　言

　　弦论是一个谜。它是所谓的万有理论，只是还没有得到验证。它是如此深奥，讨论的都是额外维度、量子涨落以及黑洞。世界怎么会是这样的？万物为什么不能简单一点？

　　弦论是一个谜。它的参与者们（我也是其中之一）承认，他们还未透彻理解这个理论，但一个接一个的计算却带来了出人意料的漂亮且有关联的结果。从弦论的研究中，人们不由地产生了一种感觉：世界怎么可能不是这样的？这种深刻的真理怎么可能不与现实联系？

　　弦论是一个谜。它把很多天才研究者从其他迷人的领域吸引了过来，比如从已经有工业应用的超导电性领域。很少有科学中的其他领域能吸引到如此多的媒体关注。而且它还有大声叫嚣的反对者，他们反对弦论学说的传播并把弦论的成就驳斥为是与实验科学完全无关的。

　　简单来说，弦论声称所有物质的基本对象不是粒子，而是弦。

弦就像小橡皮筋，但非常细而且非常强。一个电子实际上被设想为一根弦，它在长度非常小的尺寸上振动并旋转着，这个尺寸如此之小以至于我们用最先进的粒子加速器都无法探测到。在一些弦论的版本里，一个电子是一个弦的闭合的圈。在另一些版本里，它是弦的一个部分，具有两个端点。

让我们简要地回顾一下弦论的历史发展。

弦论有时被描述为一个颠倒的理论。颠倒的意思是在人们没有理解其结果的深刻含义之前，就推出了理论的相当不错的片段。在 1968 年，人们第一次得到了一个描述弦是如何相互弹开的漂亮公式。这个公式被提出的时候甚至没有任何人意识到它与弦论有关系，这样做是因为在数学上很有趣。人们可以摆弄、检验和扩展它，而无须深入了解它。在这个例子里深入的理解实际上是随之而来的，包括弦论的洞见，而弦论的洞见又包括用广义相对论描述的引力。

在 20 世纪 70 年代和 20 世纪 80 年代的早期，弦论濒临被遗忘的边缘。其最初的目标是解释核能，却并不成功。当它与量子力学结合时，又会产生不自洽性，称为反常。反常的一个例子是如果存在类似中微子但带电的粒子，那么特定类型的引力场会自发地产生电荷。这是糟糕的，因为量子力学需要宇宙在类似电子的负电荷和类似质子的正电荷之间保持严格的平衡。所以在 1984 年，当证明弦论里不存在反常时，这个消息就成了一个大解脱。此后弦论就被认为是潜在的可以用来描述宇宙的一个候选理论。

　　这个显赫的技术成果开启了"第一次超弦革命"：一个激动人心让人发狂的活跃时期，尽管它并没有实现它自称的目标，即创造一个万有理论。当时我还是一个小孩，住所离阿斯本物理中心不远，该中心是弦论研究的一个策源地。我记得人们嘟囔着超弦理论是否能够在超导超级对撞机上得到验证，而我在想着关于超级的一切。嗯，超弦指的是考虑了超对称的特殊性质后的弦。那么超对称说的是什么呢？稍后我将努力在本书中清楚地给出解释，但现在，让我们先满足于两个非常片面的陈述。第一，超对称和不同自旋的粒子有关。粒子的自旋就好像是一个陀螺的自旋，粒子永远都无法停止自旋。第二，超对称的弦论是我们所理解的最好的弦论。与之相比，非超对称的弦论需要 26 个维度，而超对称的弦论只需要 10 个维度。自然，不得不承认，即便是 10 个维度仍然多出了 6 个，因为我们能感知的只有三个空间的维度和一个时间的维度。作为使弦论成为一个描述真实世界的理论的努力的一部分，我们需要想办法去除那些额外的维度，或找到它们的用途。

　　在 20 世纪 80 年代剩下的时间里，弦理论家为发现万有理论激烈地竞争。但他们对弦论并没有充分的了解。研究结果表明，弦并不是全部的内容。理论还需要膜的存在：可以在几个维度上延长的对象。最简单的膜是一张薄膜，就像鼓的表面，一张薄膜在两个空间的维度上延长。它是一个可以振动的表面。还有 3-膜，它可以充满整个我们可以感受到的三维空间，并在弦论所需要的额外的维度上振动。还可以有 4-膜、5-膜……一直到 9-膜。所有这些开始听上去好像有很多是需要消化的，但我们有坚实的理由相信，如果不考虑所有这些种类的膜，你就无法对弦论有感觉。有些理由和"弦对偶"有关。一个对偶是两个表面看起来不一样的对象或观点间的一种关系。一个最简单的例子就是一个棋盘。一种观点认为棋盘是红色背景上的黑色方块；另一种观点则认为棋盘是黑色背景上的红色方块。两种观点（都精确地）提供了一个关于棋盘外表的充分描述。它们不一样，但可以通过红色与黑色之间的互换把它们联系起来。

20 世纪 90 年代中期，人们基于对弦对偶和膜的作用的理解掀起了第二次超弦革命。人们再次努力把这种新的理解用于构建一个可以被称为万有理论的理论框架。这里的"万有"意思是我们理解和已经验证过的基础物理学的所有方方面面。引力是基础物理学的一部分。电磁场和原子核研究也是。还有，比如电子、质子和中子等构成所有原子的粒子物理学研究。尽管弦论的构造可以用来重构我们所知道的世界的粗略轮廓，但它距离一个全面成功的理论还有一些难以克服的困难。那时，我们对弦论了解得越多，就意识到我们不知道的也越多。所以看起来还需要开展第三次超弦革命。但迄今我们还没有等来。相反，目前的情形是弦理论家正用他们现有的理解层次去勉强应付，利用弦论针对现在或即将发生的实验作出部分描述。其中最有力的努力是沿着将弦论和高能对撞（比如，和质子或重离子对撞）联系起来的方向展开。我们希望我们所探索的联系可能与超对称的思想，或额外维度，或黑洞视界，或同时与以上三者都有关。

　　现在该讨论弦论的现状了，但让我们先暂时偏离主线考虑一下我刚刚提到的两种对撞。

　　感谢日内瓦附近被称为大型强子对撞机（Large Hadron Collider, LHC）的大型实验设施，质子对撞很快将成为实验高能物理学的主要焦点。大型强子对撞机能将沿相反方向运转的粒子束中的质子加速并使它们以接近光速发生头对头的对撞。这类对撞是混乱且不可控制的。实验物理学家要找的是一个罕见事件，一次可以产生一个极重且不稳定的粒子的对撞。一个尚在猜测中的粒子，被称为希格斯玻色子（Higgs boson）[①]，它被认为是电子质量的来源。超对称预言了很多其他粒子，如果它们被发现了，这将是弦论走在正确轨道上的一个清晰的证据。还有一个极小的可能性，质子—质子对撞将会产生微型的黑洞，随后它的衰变将会被观察到。

　　在重离子对撞实验中，一个金或铅的原子被剥掉它所有的电子，然后让它在进行质子—质子对撞的机器里旋转起来。当重离子发生头对头的对撞时，它甚至比一次质子—质子的对撞还混乱。据说质子和中子将会融进它们的组分（即夸克和胶子）里。然后夸克和胶子会形成一种流体，它会膨胀、冷却，最终凝结回粒子，这些粒子将被探测器观察到。这种流体被称为夸克—胶子等离子体。它与弦论的联系取决于将夸克—胶子等离

①　2013年3月14日，欧洲核子研究中心宣布，先前探测到的新粒子被确认是希格斯玻色子。探测到这种粒子的概率非常小，大约需要一万亿次质子—质子对撞才能探测到一次。——译者注

子体和一个黑洞的对比。奇怪的是，能与夸克—胶子等离子体对偶的那种黑洞并不在我们日常经验中的四维时空里，而是在一个弯曲的五维时空中。

需要强调的是，弦论和真实世界的联系是推测性的。超对称可能根本就不存在。

大型强子对撞机中产生的夸克—胶子等离子体实际上并不太像一个五维黑洞。令人激动的是，弦理论家正在投下他们的赌注，他们与其他形形色色的各种理论家一起，正屏住呼吸等待可能证明或击碎他们希望的实验发现。

本书将逐步建立现代弦论中的一些核心概念，包括对对撞机物理学潜在应用的进一步讨论。弦论有两个基础：量子力学和相对论。在此基础上，弦论已在好几个方向上发展起来了，但我们很难对其整体，甚至是它的一小部分作出恰当的评价。本书讨论的主题代表了弦论的一个切片，它很大程度上避免了理论中更加数学化的一面。主题的选择也反映了我的偏好和偏见，甚至可能也反映了我对这个学科理解的局限性。

我写作本书的另一个选择是，我将讨论物理学而不是物理学家。这意味着，我将尽力告诉你弦论是什么，但我不会指出是谁发现了它们（事先说一句，这里面的发现大多数都不是由我完成的）。要清晰地把某个思想恰当地归于某人是困难的，让我们先问是谁提出了相对论。阿尔伯特·爱因斯坦（Albert Einstein），是不是？是——但如果我们仅仅停留在这个名字上，我们将错失很多东西。比如亨德里克·洛伦兹（Hendrik

Lorentz）和亨利·庞加莱（Henri Poincaré）在爱因斯坦之前，他们都曾做过重要的工作；赫尔曼·闵可夫斯基（Hermann Minkowski）引入了极其重要的数学框架；大卫·希尔伯特（David Hilbert）独立完成了广义相对论中的一个关键部分。还有几个更重要的早期人物，比如詹姆斯·克拉克·麦克斯韦（James Clerk Maxwell）、乔治·菲茨杰拉德（George FitzGerald）以及约瑟夫·拉莫尔（Joseph Larmor）也值得一提。此外，还有一些晚近的探索者，比如约翰·惠勒（John Wheeler）和苏布拉马尼扬·钱德拉塞卡（Subrahmanyan Chandrasekhar）。量子力学的发展就更加复杂了，因为这一领域缺少一个像爱因斯坦那样的人物（其贡献凌驾于所有其他人之上）。相反，这是一个迷人的多种多样的群体，包括马克思·普朗克（Max Planck）、爱因斯坦、欧内斯特·卢瑟福（Ernest Rutherford）、尼尔斯·玻尔（Niels Bohr）、路易斯·德·布罗意（Louis de Broglie）、维尔纳·海森堡（Werner Heisenberg）、埃尔文·薛定谔（Erwin Schrödinger）、保罗·狄拉克（Paul Dirac）、沃尔夫冈·泡利（Wolfgang Pauli）、帕斯卡尔·约旦（Pascual Jordan）和约翰·冯·诺依曼（John von Neumann），他们都作出了至关重要的贡献——而且特别有趣的是，他们的意见往往并不一致。要把弦论中广袤的概念恰当地归于合适的人名下则更加不可能。我认为试图这样做实际上就已经偏离了我的主要目标，即介绍这些概念本身。

　　本书前三章的目的是介绍那些对理解弦论至关重要的概念，但它们本身并不是弦论的一部分。这些概念——能量、量子力学和广义相对论——它们（迄今）比弦论本身更重要，因为我们知道，它们描述了真实的世界。第4章，我介绍了弦论，这是进入未知领域的一步。而在第4、第5和第6章中，我将尽可能使弦论、D-膜和弦对偶看起来更加合理和顺理成章，事实上，它们迄今仍是有待验证的关于现实世界的描述。在第7和第8章中我讨论了近年来科学家将弦论和高能粒子对撞实验联系在一起的尝试。超对称、弦对偶和五维中的黑洞，所有这些都出现在弦理论家为理解在粒子加速器中什么正在发生和什么将要发生而做的尝试中。

在本书的不同地方，我会引用物理量的数值：比如核裂变放出能量的数值，或一名奥运百米运动员在奔跑时所经历的时间膨胀的大小。我这么做的部分原因是物理学是一门定量的科学，这里物理量数值的大小是重要的。但对一个物理学家来说，往往最感兴趣的是物理量的近似大小，或数量级的大小。所以，比如我提到奥运百米运动员经历的时间膨胀大约是 $1/10^{15}$，尽管更精确的估计，基于运动员的速度是 10 m/s，应该是 $1/(1.8 \times 10^{15})$。对那些希望看到比我在本书中描述过的计算更精确、更清楚，而且 / 或过程更详尽的读者，可以访问这个网址：http://press.princeton.edu/titles/9133.html。

弦论将向什么方向发展？弦论允诺会统一引力和量子力学。它允诺可以提供一个能包含所有自然界中力的单一理论。它允诺一个对时间、空间和尚未发现额外维度的新理解。它允诺能为看起来很不一样的概念，比如黑洞和夸克—胶子等离子体建立起联系。它确实是一个很有"前途"的理论！

　　弦理论家如何兑现在他们领域内的允诺？事实上，很多都已经兑现了。弦论确实提供了一个以量子力学为开始、以广义相对论为结束的优雅的推理链条。我将在第4章中描述这个推理的框架。弦论也确实提供了一个描述自然界中所有力的权宜图景。我将在第7章中勾勒这个图景并告诉你把它变得更精确会碰到的一些困难。然后我还将在第8章中解释，弦论计算已经被用于比较重离子对撞实验中的数据了。

　　本书不以解决任何弦论的争论为目标，但我会提及，许多的分歧不过是观念之争罢了。当弦论得出一个重要的结论时，支持它的人会说："太棒了！要是能更如此这般就更棒了。"反对它的人会说："真可惜！要是能如此这般才会让我印象深刻。"最后，双方（至少，对各自阵营里更严肃和更了解情况的成员而言）的观点在本质上差别并不大。几乎所有人都同意基础物理学中深藏着一些谜题，而弦理论是所有认真尝试解决这些课题的领先者。当然我也同意很多弦论的允诺还有待兑现。

目　录

能　量

本章的目的是介绍物理学中最著名的公式：$E=mc^2$。这个公式构成了核能和原子弹的基础。这意味着如果你把一磅的物质完全转换为能量，你就能为一百万户美国家庭提供一年的照明用电量。$E=mc^2$ 也为弦论中的很多内容提供了基础。比如在第 4 章中我们会读到振动弦质量的一部分是来自振动的能量的。

$E=mc^2$ 这个公式的特别之处在于它把你认为无关的事情联系起来了。E 代表能量，就是你每个月向电力公司购买的千瓦小时；m 代表质量，比如一磅面粉；c 代表光速，299 792 458 米每秒，或（大约）186 282 英里每秒。所以现在我们首先需要搞明白物理学家说的"量纲量"，比如长度、质量、时间和速度。然后再来讨论 $E=mc^2$ 本身。下面，我将介绍公制单位，比如米和千克；表示大数的科学计数法以及一点核物理知识。尽管了解核物理知识不是掌握弦论所必需的，但它为讨论 $E=mc^2$ 提供了理想的知识背景。而且在第 8 章，我还将回到核物理，介绍那些运用弦论以更好地理解当代核物理的努力。

长度、质量、时间和速度

长度是最简单的量纲量。就是你用尺子去度量的。物理学家一般会选择用公制单位，我现在就来做这件事。一米大约是

39.37 英寸。一千米是 1 000 米，即大约 0.621 4 英里。

时间被物理学家认为是额外的维度。我们总共能感知到四个维度：三个空间维度和一个时间维度。时间和空间是不同的。你可以在空间的任意方向上运动，但你不能在时间上往回走。实际上，你压根就不能在时间上"运动"。不管你如何行为，时钟就是这么嘀嗒走着。至少，这是我们的日常经验。但实际上也没这么简单。如果你的朋友站着，而你沿着一个圆形跑道非常快速地跑，你所经历的时间就没有你朋友经历的那么快。如果你和你的朋友都带着计时秒表，你的表会比你朋友的表走得慢。这种效应，称为时间膨胀，但这是很难觉察到的，除非你跑的速度非常快，快到可以和光速比拟。

质量是对物质多少的度量。我们习惯于把质量等同于重量，但这是不对的。重量源自引力的拉拽。到了外太空，你就说不上重量了，但你的质量可没变。大部分日常物体的质量来自质子和中子，一小部分来自电子。说日常物体的质量其实就是在说它里面包含多少个核子。一个核子就是一个质子或一个中子。目前我的质量是 75 千克。粗略估计，就是大约 50 000 000 000 000 000 000 000 000 000 个核子。正确写下这么大个数太难了。位数这么多使我们很难算清楚。所以，人们会依靠所谓的科学计数法：现在你不用像我刚才那样记下所有的位数了，你可以说我的身体里大约有 5×10^{28} 个核子。这里的 28 表示在数字 5 的后面有 28 个零。我们再继续练习练习。一百万可以写为 1×10^6，或更简单，10^6。美国国债总额，在我写作本书时大约是 \$10 000 000 000 000，可以方便地表达为 10^{13} 美元。现在，如果我身体里的每个核子都有一毛钱的话……

让我们回到物理学中的量纲量。速度是长度和时间的换算因子。假设你可以每秒跑 10 m。对人来说，这是相当快的。只要 10 s 你就能跑 100 m。凭这个成绩你得不了奥运金牌，但会很接近。假设无论跑多远你都能保持 10 m/s 这个速度，跑 1 000 m 需要多少时间？我们来算一下，1 000 m 是 100 m 的 10 倍。你 10 s 就能完成一个百米跑，所以你能用 100 s 跑完 1 000 m。你可以用 161 s 跑完 1 英里，就是 2 分 41 秒。但实际上这是不可能的，因为没人能一直保持 10 m/s 的速度。

假设你能，比如说，你能感觉到刚才所说的时间膨胀效应吗？绝无可能。你用 2 分 41 秒跑完 1 英里，时间确实会慢点，但只慢了 $1/10^{15}$（即 1 000 000 000 000 000 分之一，或千百万百万分之一）。要想得到一个大点的效应，你就必须以快得多的速度运动。现代加速器中飞速运转的粒子可以有巨大的时间膨胀。它们的时间比静止的质子要慢大约 1 000 倍。更精确的数值则依赖于我们讨论的粒子加速器。

　　光速对我们的日常生活而言是个令人尴尬的换算因子，因为它实在太大了。光沿任何方向围绕赤道跑一圈只需大约 0.1 s。这就是为什么一个美国人和一个印度人可以通过电话聊天而不会感到有明显时间延迟的原因。当你思考真正巨大距离的时候，光速会更有用。比如到月球的距离相当于光走了 1.3 s，或者你可以说月球距我们 1.3 光秒[①]远。太阳距我们是大约 500 光秒远。

　　一光年是个更大的距离：这可是光在真空中一年内所走过的距离。银河系的大小约是 100 000 光年。我们已知宇宙的大小是大约 140 亿光年，即大约 1.3×10^{26} m。

$$E=mc^2$$

　　公式 $E=mc^2$ 可以把质量和能量互相换算。就和我们刚刚讨论过的时间和距离的换算类似。但什么是能量呢？这个问题不太好回答，因为我们有太多能量的形式。运动是能量，电是能量，热是能量，光也是能量。它们之间可以任意互相转换。比如，一只灯泡可以把电能转换为热和光，发电机把运动转换为电。能量存在的形式可以改变，但总能量必须守恒，这是物理学中的一条基本原理。为了让这个原理有意义，我们必

----

① 和光年一样，光秒也是距离的单位。——译者注

须学会对可以互相转换的不同形式的能量进行度量。

我们先从运动的能量（即动能）开始。换算公式是 $K=\frac{1}{2}mv^2$，这里 K 是动能，m 是质量，而 v 是速度。再次假设你是个奥运短跑选手。经过巨大的努力，你能让自己跑到 $v=10$ m/s。但这比光速慢多了。自然，你的动能会远小于 $E=mc^2$ 中的 E。这意味着什么呢？

$E=mc^2$ 说的是"静能量"，知道这个概念会有用。静能量就是当物质不运动时所具有的能量。跑的时候，你会把一小部分静能量转换为动能。很小的一部分，实际上只有大约 $1/10^{15}$。又是 $1/10^{15}$，和刚才算出跑步状态下时间膨胀的数字一样，这并非巧合。狭义相对论中有一个精确的关系可以把时间膨胀因子和动能联系起来。这意味着，假设有什么物体可以运动得足够快并使其能量加倍的话，它所经历的时间就会比不运动的状态慢一半。

想到你有这么多静能量是让人沮丧的，因为费尽气力你能够用到的也只是其中很小的比例，$1/10^{15}$。我们如何才能利用到物质中更多比例的静能量呢？核能是我们所知的最佳答案。

$E=mc^2$ 可以帮助我们很好地理解核能。这里简单地解释下，原子核由质子和中子构成。一个氢原子核由仅仅一个质子构成。一个氦原子核由两个质子和两个中子构成，它们被紧密地束缚在一起。这里我说紧密束缚的意思是我们需要极大的能量才能将氦核分开。有些原子核比较容易分开。比如铀-235，它是由92个质子和143个中子构成的。把铀-235分开成几部分是相当容易的。比如，假使我们用中子撞击铀-235的话，它能分裂为一个氪原子核、一个钡原子核、三个中子以及一些能量。这本身是核裂变的一个例子。我们可以把这个反应简单记为：

$$U+n \rightarrow Kr+Ba+3n+Energy$$

这里我们用 U 代表铀-235，Kr 代表氪，Ba 代表钡，而 n 代表中子。(顺便说一句，这里我总是小心地讲铀-235是因为有另一种铀，由铀-238原子核构成，它更常见，也更难被分裂。)

$E=mc^2$ 使你能够计算在裂变反应中由于质量变化而放出的能量的数值。反应物(一个铀-235和一个中子)的质量超过生成物(一个氪原子、一个钡原子和三个中子)大约一个质子质量的1/5。我们把这个微小的质量变化代入 $E=mc^2$ 中以确定放出能量的数值。看起来很小，一个质子质量的1/5差不多是铀-235质量的1/100的1/10：也就是1/1 000。所以放出的能量就是铀-235静能量的1/1 000。这看起来还是不够多，但已经是奥运短跑选手通过全力奔跑可以利用静能量比例的一万亿倍了。

我还是没能解释这些通过核裂变释放出的能量是从哪儿来的。核子的数目并没有变：裂变前和裂变后都是236。但反应物具有比生成物更多的质量。这个意外很重要，现在我们不能再用核子总数来计算质量了。这里的要点在于氪和钡中的核子相互间束缚得更紧密，比铀-235 中的核子束缚得紧密。束缚得更紧密意味着更小的质量。松散地束缚着的铀-235 原子核会多出一个额外的小质量，等着以能量的形式释放出来。简单来说，当生成物中质子和中子以更紧密的方式结合在一起时，核裂变就会释放出能量。

现代核物理中的一个研究项目就是研究像铀 -235 这样的重原子核发生远比我现在描述的裂变反应更激烈的反应时的情况，看看会发生什么。因为某种无法在这里展开的原因，实验物理学家偏好用金而不是用铀。当两个金原子核以接近光速相互碰撞，它们完全被摧毁了，几乎所有的核子都相互分裂开。在第 8 章中，我将告诉大家更多关于这种生成物的信息，它们是稠密、炙热的物质态。

小结一下，由于光速是个已知的常数，静能量 $E=mc^2$ 的多少将只取决于质量。从铀-235 中获取部分静能量要比从物质的大多数其他形态中容易。原则上说，静能量存在于所有物质中，石头、空气、水、树和人。

在继续讨论量子力学之前，让我们在这里稍微停一停，将 $E=mc^2$ 置于更广阔的知识背景中。它是狭义相对论的一部分，狭义相对论研究运动如何影响对时间和空间的测量。狭义相对论是广义相对论的特殊情况，广义相对论包括对引力和弯曲时空的研究。弦论涵盖广义相对论和量子力学。特别是，弦论中包含了 $E=mc^2$。弦、膜，还有黑洞，都遵循这个关系。比如，在第 5 章中我将讨论膜的质量是如何从膜的热能中获得贡献的。说 $E=mc^2$ 遵循弦论也不正确，但它符合，并看起来与弦论数学框架中的其他方面密不可分。

量子力学

　　在我获得物理学的学士学位后，我在剑桥大学待了一年继续学习数学和物理。剑桥这个地方有绿草地、灰天空，同时还有深厚、高雅的学术传统。我是圣约翰学院的一员，这个学院已经有五百年的历史了。我仍然记得我在学院庭院楼上的某层弹过一架特别棒的钢琴，这里是学院里最古老的地方之一。在我弹过的曲子里面有肖邦的《幻想即兴曲》。在乐曲的主要部分有一段持续的四对三交叉节奏。双手都要弹出均匀的节奏，右手每弹出四个音，你的左手要恰好弹出三个音。两个节奏混合使乐曲成为一个飘逸、清澈的声音。

　　这是一段美丽的音乐，而且它使我思考量子力学。为了解释其中的理由，我将先介绍一些量子力学的概念，但并不会彻底解释它们。不过我会努力解释为什么这些概念混合在一起会让我联想起像《幻想即兴曲》这样的音乐。在量子力学中，每种运动都是可能的，但有些是系统偏好的。这些偏好的运动称为量子态。它们有确定的频率。频率就是某种事物每秒循环或重复的次数。在《幻想即兴曲》中，右手弹奏的方式有更快的频率，而左手弹奏的方式有较慢的频率，它们的比是四对三。在量子系统中，循环重复的东西更抽象：用行话说，是波函数的相位。你可以把波函数的相位想象成钟表上的秒针。秒针每一分钟转一圈，一圈一圈地转下去。相位就和这个一样，以快得多的频率，不断循环。这个快速循环的频率将决定系统的能量，后面我会更仔细地讨论这个问题。

考虑一个简单的量子系统，如氢原子，它具有相互成简单比例的频率。比如，一个量子态的相位会循环九次，而与此同时另一个量子态会循环四次。这和我刚才说的《幻想即兴曲》中四对三的交叉节奏很像。但量子力学中的频率通常会快得多。比如，在氢原子中，特征频率在 10^{15} 次振荡或循环每秒这个数量级上。这确实比《幻想即兴曲》要快得多，在《幻想即兴曲》中右手每秒要弹大约 12 个音符。

对《幻想即兴曲》节奏的着迷还不是其中最大的魅力——至少，当它被演绎得超过我的弹奏水准的时候是这样。它的曲调在忧郁的低音上飘荡。音符在半音上一起奔跑变得模糊。和声缓慢地流动，与几乎是随意飞动的主题相对。微妙的四对三节奏仅提供给我们一个理解肖邦著名作品的背景。量子力学与此很类似。它内在的粒子性，处于特定频率的量子态下，在更大尺度下变得模糊，成为我们所在的那个色彩斑斓、错综复杂的世界。那些量子频率也给这个世界留下了无法磨灭的印记：比如，路灯发出的橙光具有特定的频率，并与钠原子具有的特定的交叉节奏有关。正是这些光的频率使得它看起来是橙色的。

在本章的剩余部分，我将专注于阐发量子力学的三个方面：

不确定原理、氢原子和光子。随之，我们将遭遇能量在量子力学下的新面貌，与频率紧密相关。与音乐的类比足以使我们从这些方面建立起量子力学和频率的关系。但正如我们将在下节中看到的，量子力学也具有另外一些很难和日常经验进行比较的核心思想。

不确定性

量子力学的基石之一是不确定原理，是指一个粒子的位置和动量永远无法同时测量。这是一个过分简化的说法，下面让我好好说说。任何对位置的测量都会有一些不确定性，我们称它为 Δx（读作"德尔塔 x"）。比如，你用一个卷尺测量一块木板的长度，如果足够仔细的话，往往会发现木头的边缘正好位于一英寸的某个 1/32 之内。这是一个比毫米略小的长度。所以对这样一个测量，我们往往说误差是 $\Delta x \approx 1$ mm：即"不确定度德尔塔 x 大约是一毫米。"除了希腊字母"Δ"，这里的概念是简单的：一个木匠可能会跟他的小伙伴说："吉姆，这块木板长两米，误差在一毫米内。"（当然，我这里说的是欧洲的木匠，我所见的美国木匠更喜欢说英尺和英寸。）木匠在这里的意思是：木板长 $x=2$ m，不确定度 $\Delta x \approx 1$ mm。

动量是我们日常熟悉的经验，但为了精确地描述它，我们来考虑碰撞时的情况。假设有两个物体发生头对头的碰撞并且撞击使它们完全停下来，这说明它们在碰撞前具有相同的动量。如果撞击后，有一个物体仍然沿碰撞前的方向继续运动，只是稍慢了一些，这说明它具有更大的动量。考虑和质量 m 有关的动量 p 的换算公式：$p=mv$。先不进入细节。这里的要点是，动量是一个你可以测量的量，只要是测量就会有不确定性，我们称之为 Δp。

不确定原理说 $\Delta p \times \Delta x \geq h/4\pi$，这里 h 是个量，称为普朗克常数，而 $\pi=3.14159\cdots$ 是我们熟知的圆周率，即圆周周长和直径的比率。我会这样读出这个公式："德尔塔 p 乘以德尔塔 x 大于等于 h 除以 4π。"或者，如果你乐意，也可以说，"粒子位置和动量不确定度的乘积大于等于普朗克常数除以 4π。"现在你知道为什么我在开头说我们关于不确定原理的陈述是过分简化的了。比较一下：你能同时测量位置和动量，但这两个测量的不确定度必须满足不等式 $\Delta p \times \Delta x \geq h/4\pi$ 所规定的。

为了理解不确定原理，我们现在来举个例子，考虑一个尺度为 Δx 的阱，阱里束缚了一个粒子。如果粒子被困在阱里的话，粒子位置的不确定度就是 Δx。根据不确定原理，我们推论说我们无法超过特定精度知道阱里粒子的动量。定量地说，动量的不确定度——Δp，必须足够大，才能使不等式 $\Delta p \times \Delta x \geqslant h/4\pi$ 成立。原子就提供了这样的一个例子，关于此我们将在下一节讨论。典型的位置不确定度 Δx 很小，比我们能拿在手上的任何物件都要小得多，我们很难提供一个比原子更常见的例子。这是因为普朗克常数是个数值上很小的量。讨论光子的时候我们将再次碰上这个数，到那个时候我再告诉大家这个数有多么的小。

我们一般总是以对位置和动量的测量来讨论不确定原理。但实际情况要比这还要深刻。这是位置和动量内在的特性决定的。位置和动量本质上并不是数。它们是更复杂的对象，可称之为算符，这里我不作过多解释，但必须强调的是它们在数学上都有确切的定义——只是比数字复杂。不确定原理就是因数字和算符的不同引起的。量 Δx 不仅仅是测量的不确定度；粒子位置的不确定性是不可消除的。不确定原理向我们揭示的不是知识的缺乏，而是一个本质上就模模糊糊的亚原子世界。

原　子

原子由原子核及围绕在周围的电子组成。正如我们前面讨论过的，原子核由质子和中子构成。最简单的原子是氢原子，它的原子核就是一个质子，而且就只有一个电子围着它运转。一个原子的尺寸是大约 10^{-10} 米，也称为一个"埃"（一埃是 10^{-10} 米，意味着它是一米的 $1/10^{10}$，或一百亿分之一）。而原子核的尺寸又要再小 10 万倍。我们说一个原子大约是一个埃，这意味着电子离原子核很远。电子位置的不确定度 Δx 是大约一埃，因为我们无法预知这一时刻或下一时刻电子将会出现在原子核的哪一边。根据不确定原理，电子动量将会有一个不确定度 Δp，并且满足 $\Delta p \times \Delta x \geq h/4\pi$。动量的不确定度来自氢原子中电子的运动——平均而言电子在氢原子内的速度会达到光速的百分之一，但它的方向是不确定的。电子动量的不确定度大概就是动量本身，因为动量的不确定性源自电子运动方向的不确定性。总的图景是这样的，电子由于原子核对它的引力而不得不被束缚在原子的陷阱里运动，但量子力学又不允许电子停在阱里。相反，它不得不永远运动下去，按量子力学的数学所描述的，正是这种永不停歇的运动给出了原子自身的尺寸。如果电子可以停下来的话，它将停在原子核上，因为电子是被原子核吸引的。物质世界将不复存在，因为电子都坍缩到原子核上去了，这是多么不幸啊！所以，原子内的电子能做量子运动真是个福音。

尽管氢原子中的电子具有不确定的位置和不确定的动量，

但它具有确定的能量。实际上，它可以有几个可能的能量。物理学家用电子能量的"量子化"来说这个事情。这意味着电子必须在几种可能性之间作出抉择。为了理解这一奇怪的事情，让我们回到日常生活中的动能这个例子。我们已经学习过换算公式，$K=\dfrac{1}{2}mv^2$。让我们把这个公式应用于一辆小汽车。只要不断给油，我们就能让车跑得足够快，想跑多快就跑多快。但假如汽车的能量是量子化的，我们就不能这样了。比如，你可以跑到 10 英里每小时的速度，或 15 英里每小时，或 25 英里每小时，但你不能跑 11 英里每小时，或 12.5 英里每小时。

氢原子中电子的量子化能级将我带回音乐类比。我已经介绍过一个这样的类比了：《幻想即兴曲》中的交叉节奏。一个均匀的节奏本身就是频率。氢原子中每一个量子化的能级都与一个不同的频率对应。电子可以从这些能级中选择一个。如果它选了，就好比我们有了一个单独的均匀节奏，比如节拍器。但一个电子也可以选择部分在一个能级，而部分在另一个能级。这就叫迭加。《幻想即兴曲》就是对两个节奏的"迭加"，一个由右手带来而另一个则由左手带来。

现在，我已经向你介绍了原子中电子所具有的量子力学意义下的不确定的位置和动量，但量子化的能量还没有解释。位置和动量都不确定但能量却是确定的，这是不是很奇怪呢？为了理解这个事情，我们先讨论另一个音乐类比。考虑一下钢琴的琴弦。
当我们敲下去的时候，琴弦会以确定的频率或音高振动。比如，
钢琴中央 C 上面的 A 会以 440 次／秒的方式振动。物理学家通
常会用赫兹（Hz）来表示频率，1 赫兹表示每秒重复或振动一次。
所以钢琴中央 C 上面的 A 的频率是 440 Hz。这可比《幻想即兴
曲》快多了，如果我们记得的话，右手每秒也就弹出 12 个音符：
讲频率的话就是 12 Hz。但这还是比氢原子的频率要慢得多。实
际上，弦的运动要比单独的振动复杂得多。对振动的弦而言，存
在着更高频率的泛音。正是泛音决定了一架钢琴的音色。

这看起来可能和氢原子中电子的量子力学运动有点距离。
但实际上两者紧密相关。氢原子电子的最低能量就仿佛是钢琴
琴弦的基频：对中央 C 上面的 A 而言就是 440 Hz。简单来说，
电子在最低能级上的频率大约是 3×10^{15} Hz。而电子可能的其他
能量的取值就相当于是钢琴琴弦的泛音。

钢琴琴弦上的波动和氢原子中电子的量子力学运动都是驻
波的例子。驻波的意思就是振动不会跑掉。钢琴琴弦在两端是
被定死的，所以它的振动就被琴弦的长度限制了。氢原子中电
子的量子力学运动被限制在一个小得多的空间内，仅比 1 埃大点。
量子力学数学形式背后的主要想法就是把电子的运动看成是波。
当波具有确定的频率，好比钢琴琴弦的基频，电子就具有确定

的能量。但电子的位置从来就不是一个确定的数，因为波把它描述为同时在原子的每一个地方，就像钢琴琴弦的振动同时存在于整个琴弦上一样。我们只能说电子基本上就在原子核附近的 1 埃以内。

在知道了电子是由波来描述后，你可能会问：波的介质是什么？这是个困难的问题。一个回答是这无所谓。另一个回答是这里存在着穿越整个时空的"电子场"，而电子就是场的激发。电子场就像是钢琴的琴弦，而电子就是存在于钢琴琴弦上的振动。

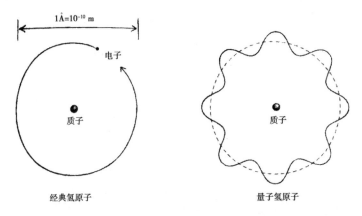

图2.1　左图: 氢原子的经典图像，一个电子围绕着一个质子运转。右图：用驻波表示的量子图景。电子没有确定的轨道，电子的运动用一个驻波表示。这里电子没有确定的位置，但它有一个确定的能量。

波并不总被一个狭小的，如原子大小的空间限制。比如，海浪可以在海上传播很多英里才拍在沙滩上，破碎。量子力学中也有行波的例子：比如光子。但在研究光子前，我们先来介绍一个技术细节，这个细节和后面章节中我们要讨论的一些问题有关。我用频率来表示氢原子中的电子，当然这是一种过度简化。为了解释我是如何过度简化的，我要再介绍一个公式：$E=h\nu$。这里 E 是能量，ν 是频率，h 就是因不确定原理而引入的普朗克常数。$E=h\nu$ 是个了不起的公式，因为它告诉我们频率真正的含义：频率就是能量，只是带着新的伪装。但这里存在着麻烦：因为有多种不同的能量。电子有静能量。它还有动能。而且它还有束缚能，数值上它等于把电子从质子的束缚中解放出来所需施加的能量。公式 $E=h\nu$ 到底是对哪个能量而言的呢？当我对氢原子使用数值 3×10^{15} 次振荡每秒[①]的时候，我使用的是动能加上束缚能，这时静能量是排除在外的。但这是任意的。如果我喜欢，我也可以把静能量加上。这意味着在量子力学中频率是不明确的，真令人沮丧。

下面我们来介绍这个困难是如何被克服的。电子从一个能级跃迁到另一个能级时发生了什么呢？当电子向低能量跃迁时，多余的能量将以光子的形式释放出来。光子的能量是电子跃迁前和跃迁后能量的差值。现在是否把静能量包括在内就无所谓了，因为我们现在只关心跃迁前和跃迁后电子能量的差值。对

---

① 振荡每秒对应频率的单位赫兹，比如每秒振荡一次就是 1 赫兹。——译者注

公式 $E=h\nu$ 的正确使用是把 E 看作光子的能量。那么 ν 就是光子的频率，只能取确定的数值，没有丝毫含混。现在还剩下一件事需要解释：光子频率的精确含义是什么？这将是接下来我需要解释的。

光 子

光是一种粒子，还是一种波动？物理学家为了这个问题激烈地争论了好几个世纪。量子力学以一种不可思议的方式解决了这个争论：都是。

为了理解光的波动性，假想一个电子决定到激光束下去做一个日光浴。激光束是稳定、相干、强烈的光束。这里的要点是，当电子进入激光束时，它将被拉着先跑到一边，然后又被拽到另一边，如此以特定的频率来回反复地振荡。这个频率就是被代入方程 $E=h\nu$ 的那一个。可见光 (visible light)[①] 的频率比 10^{15} 次振荡每秒要稍微低一点。

这个类比很奇特，但它容易给出一个更实际的例子。电磁波和光其实就是一回事，但具有小得多的频率。FM 电台的频率大约是 10^8 次振荡每秒，或 10^8 Hz。我所居住的新泽西最流

---

① 可见光就是我们人类肉眼可以看见的光。——译者注

行的电台是 101.5，它使用 101.5 兆赫兹的频率广播。一兆赫兹是一百万赫兹，或 10^6 Hz。所以 100 兆赫兹就是 10^8 Hz。这样 101.5 兆赫兹就是 10^8 多一点点次振荡每秒。一个 FM 电台就建在差不多这样的频率上。当你调台时，你调整的就是电路里电子振荡的频率，要使这个频率和电台的频率对上号。这很像做日光浴的电子，收音机里的电子沐浴在电波下，吸收照在它身上的无线电波。

另一个应该会有益的类比是海上的浮标。一般而言，浮标通过链条拴在一个位于海底的锚上，这样它就不会被洋流和海浪冲跑了。浮标浮在水面上，在波浪的作用下上上下下地运动着。这就好比是日光浴下的电子对激光束的反应。关于日光浴下的电子实际上还有更多情节：除非它像浮标一样被什么东西拴住，否则它最终将沿激光束的方向被推动。

迄今为止，我的解释都聚焦在光的波动性方面。它又将如何像粒子一样行为呢？著名的光电效应实验给我们提供了证据，光确实是由光子构成的，每一个光子的能量都是 $E=h\nu$。我们来解释一下。如果你对着金属照射光，你能把电子敲出来。利用一个巧妙的实验装置，你可以检测到这些电子，甚至还能测量它们的能量。这些测量结果可以这样解释：光由很多光子构成，这相当于对金属施加了很多小的打击，每次打击相当于光子撞击到金属中的一个电子上。假如光子有充足的能量，有时，它就能把与之碰撞的电子踢出金属。根据方程 $E=h\nu$，更高的频率意味着更高的能量。我们知道蓝光的频率比红光高大约35%。这意味着一个蓝光子比一个红光子多35%的能量。假设你用钠来研究光电效应。实验告诉我们，红光的能量不足以把钠里面的电子踢出来，甚至更亮的红光也无法把电子踢出来，我们看不到任何电子。但蓝光子，因为它们有更高的能量，足够把电子从钠里面踢出来，甚至非常弱的蓝光也能做到这一点。可见问题的关键不是光的亮度——和光子的数目有关——而是光的颜色，是光的颜色决定了每个光子的能量。

能把电子从钠里面踢出来的光的最小频率是 5.5×10^{14} 次振荡每秒，即绿光。它对应的能量，利用方程 $E=h\nu$ 计算，就是2.3电子伏。把电子接到一个伏特的电源上，它可以获得的能量就是一电子伏。所以普朗克常数的数值将是2.3电子伏除以 5.5×10^{14} 次振荡每秒。通常将它简记为 4.1×10^{-15} 电子伏·秒。

小结一下，光在很多情况下的行为像波，然后在很多情况下像粒子。这被称为波粒二象性。根据量子力学，并不仅仅是光才有波粒二象性：万物皆有。

让我们暂时回到氢原子这个例子。我在上节中努力地向大家解释了量子化的能级可以被想象为具有确定频率的驻波。这是电子像波的一个例子。但如果你还记得的话，我在解释频率含义的时候被难住了。我引入公式 $E=h\nu$ ，但我在是否应在电子的 E 中计入静能量这个问题上碰到了麻烦。对光子，我们没有这样的困难。光的频率确实更可把握。通过调谐收音机的频率我们可以听到广播。所以当一个电子从一个能级跃迁到另一个，在这个过程中会发射一个光子，利用发射光的频率你可以把两个能级间的能量差唯一确定下来。

希望迄今为止的讨论已经为你理解什么是光子提供了一个良好的感觉。完全理解它们是很困难的。这里的困难和所谓规范对称有关，我们将在第 5 章详细介绍这一概念。在本节的剩余部分，我们将探讨光子是如何把从狭义相对论到量子力学的概念编织在一起的。

狭义相对论基于这样的假设，光在真空中总以相同的速度 (299 792 458 m/s) 传播，而且没有任何物体可以运动得更快。每一个曾经沉思过这个断言的人最终都会堵在这个想法上，假如你把自己加速到光速，然后沿着你运动的方向发射出一颗子弹，那子弹就比光速跑得快了。这正确吗？没那么快。问题出在时间膨胀上。还记得我说过现代粒子加速器里的粒子所经历的时间慢了 1 000 倍吗？这是因为它们运动的速度非常接近于光速。你以光速运动，时间就完全停止了，你永远不会开枪，因为你永远不会有扣动扳机的机会。

　　看起来还有点漏洞需要再啰唆几句。你可以用比光速慢10m/s 的速度奔跑。你的时间会非常非常慢，但毕竟子弹可以从你的手枪里射出。射出后，子弹再慢相对于你而言也比 10m/s 快多了，那它就肯定超过光速了。对吗？但速度不能这么相加。你运动得越快，超过你的速度就越困难。这不是因为有风向着你迎面吹来：比如我们可以假设是在外太空做这样一个实验①。真正的原因是，在狭义相对论中时间、长度和速度都以某种方式纠缠在一起了。是相对论整体以某种方式使得我们不可能以超光速运动。考虑到相对论在描述世界方面所取得的种种成功，大多数物理学家倾向于接受这句话的字面意思：你就是不能比光走得更快。

　　现在来讨论相对论的另一个断言，光在真空中总是以相同的速度运动？这个断言可通过实验来检测，我们可用不同频率的光来做实验，看起来都是对的。这说明对光子和其他粒子存在着鲜明的区别，比如电子和质子。电子和质子可以跑得快或慢。如果跑得快，它们就有很多能量。如果跑得慢，它们就有较少的能量。但电子本身永远不可能具有比它的静能量（$E=mc^2$）更少的能量。类似地，质子本身的能量永远不可能比它的静能量

① 外太空没有空气，所以也没有风。——译者注

少。光子的能量，$E=h\nu$，这里的频率 ν 可大可小，与光速无关。特别地，对光子而言就不存在能量的下限了。这意味着光子的静能量是零。如果利用公式 $E=mc^2$，我们就得出结论：光子的质量必须是零。这就是光子与其他大多数粒子的本质区别：光子没有质量。

可能与本书未来的讨论无关，但我们最好知道光速只是在真空里才有固定的速度。当光穿过物质时，光确实变慢了。我现在说的这种情况和可见光打在钠上不同：我说的是光穿过透明介质，比如水和玻璃。当光穿过水时，光速将变慢 1.33 倍。当它穿过玻璃时，它变得更慢，但肯定达不到两倍。钻石可以使光变慢 2.4 倍。这个数字，再加上钻石的清澈，造就了它独特闪耀的光辉。

引力和黑洞

　　几年前一个美好的夏天，我和父亲开车去格罗托壁，一个离科罗拉多白杨镇不远的攀岩圣地。我们的目标是爬一个叫双隙的经典中等难度路线。顺利完成后，我又有了新主意：器械攀登一个叫科莱奥贞尼的更有挑战的路线。器械攀登意味着你要往岩石缝里塞进一个个岩石塞以支撑你的重量，而不是仅靠你的手和脚去支撑。你把你自己拴在绳索上，然后把绳索穿进那些岩石塞里，这样一旦你脚下的岩石塞滑脱了，它下面的岩石塞将会阻止你下落。

　　科莱奥贞尼在我看来是练习器械攀登的非常理想的地方，因为它几乎都是突出的。如果掉下来的话，你将不会在坠落的时候痛苦地撞到岩石，你会先往下掉一段，然后就被绳索拽住；或者你会一直往下掉，直到落地——但这看起来可能性不大。科莱奥贞尼的另外一个好处，在我看来，就是它有一个两指宽的缝隙，一路向上，几乎一直通到顶上，这样我就可以尽我所需地往里面放岩石塞了。

　　父亲欣然同意，于是我往上攀，在向上的路线上跳跃。只有到了这时我才意识到我的计划有点不妙。缝隙里的岩石不是很好。它消耗了我很多装备，同时我还不能把岩石塞放得很牢靠。尽管只是个短坡，却用掉了很多岩石塞，当快到顶的时候，我已经非常缺乏那些最有效的装备了。最后一段很难自由攀登，而我已经快没有岩石塞了。但我几乎已经到顶了！我在一个喇叭形的岩石缝隙里放进一个半月形岩石塞。我踩着它向上，它支撑住了。我在相同的缝隙里又放进了一个六角形岩石塞。我踩着六角形岩石塞继续向上，它滑脱了，我掉了下来。接下来发生的就是一瞬间的事情，我已经不记得了，但很容易重构。

第一个岩石塞被拔脱。我落入了空中。下一个也被拔脱。攀岩者称这种现象为"拉拉链"，因为它就像拉开一条拉链。如果足够多的岩石塞被拔出来，你最后就会落到地上。每当一个岩石塞被拔出，它下面的那个就必须要能够吃住更大的拉力，因为你在下落的过程中会积攒更多的速度和动量。猛地一拽，我被挂在了下一个装置上。这次是一个机械塞，它是攀岩者武器库中最复杂的一件装备。它放得并不稳妥，但支撑住了。我父亲，当时他正坐在下面的地上拉着绳子，被我们之间的绳子拉紧滑着向前。

整个过程就是这样。我花了些时间研究最终拉住我的那个机械塞。它看起来被拉动并转了一点点，但还能用。我加强了下面的几个岩石塞，然后开始往下爬。下来后我四处走走，放松了几分钟，还是地上牢靠啊。接着我沿绳索又爬了上去，回收了大部分装备，一天就这样结束了。

我们能从这次科莱奥贞尼的经历中学到什么呢？嗯，首先就是我们在器械攀登的时候，一旦你用完装备你就应该停下来。

其次，下落并不是问题，落地才是问题。我能毫发无伤地离开是因为我并没有撞在地面上。（几分钟后，我确实流鼻血了。）挂在机械塞上的感觉就是猛烈的一拽，但和撞在地面上相比它还是属于比较温和的一类。

从下落中我们可以学到关于引力的深奥道理。当你向下落的时候，你感觉不到引力。这就是失重。坐电梯下行的时候，我们会有失重的感觉，当然没那么明显。在有了对下落的亲身体验后，我觉得我对引力有了一些更深入的理解。当然不是在科莱奥贞尼，我当时或者没工夫去回味这个经历，或者太兴奋了以至于我的理性思维还无法介入。

黑　洞

假设掉进一个黑洞，你会怎样呢？会有一次可怕的、破坏性的撞击发生吗？或者就是一次永远的下落？我们先简要回顾一下黑洞的性质，再来回答这个问题。

首先，黑洞是这样一个物体，光没法从它里面跑出来。"黑"表示的就是这种物体的绝对黑暗。黑洞的表面叫做黑洞的视界，因为视界外面的人是没法看见视界里面发生的事情的。这是因为看和光有关，没有光能从黑洞里跑出来。一般认为黑洞存在于大多数星系的中央。黑洞也被认为是质量很大的恒星演化到最后的阶段。

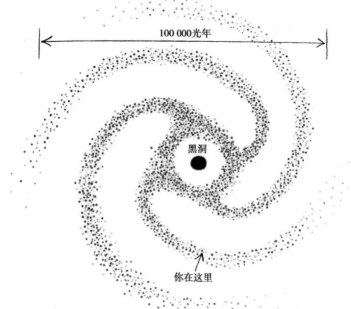

100 000光年

黑洞

你在这里

图 3.1 我们所在的银河系，在它的中心可能有一个黑洞。黑洞的质量据信是太阳质量的四百万倍。从地球上看，它处于人马星座的方向上。它距离我们有 26 000 光年。黑洞的尺寸比我们这里画出来的要小很多，它四周被恒星环绕的空白区域也同样如此。

关于黑洞最奇特的事情是除去中央的"奇点"外，黑洞的里面是空的。这看起来很扯：星系中质量最大的物体竟然是空的？原因是黑洞里面所有的质量都已经坍塌到奇点上了。实际上我们并不知道在奇点上发生了什么。我们知道的是奇点让时空扭曲，并在它周围形成一个视界。任何掉进视界里的物质最终都会落到奇点上。

设想一个倒霉的攀岩者掉进了一个黑洞。穿越视界并不能使他受到任何伤害，因为那里什么都没有：只有真空。攀岩者甚至可能都不知道他穿过了视界。麻烦的是，再也没有什么东西可以阻止他的下落了。首先，这里没有任何可供支撑的东西——记住，在黑洞里除了奇点以外全都是空的。攀岩者唯一的希望是他的绳索。但即使把绳索拴到有史以来最牢固的（黑洞外的）岩石塞上也是徒劳。假设岩石塞可以坚持得住，绳索也会断裂，或者它会被拉长、拉长，一直到攀岩者坠到奇点上为止。当这一切发生的时候，可以设想将会有一次可怕的、破坏性的撞击发生。但我们无法知道确切的细节，除了攀岩者，没有人能够看到这一切。因为没有光能够从黑洞里跑出来。

从以上讨论我们可以看出，黑洞里面引力的拉拽是绝对不可抗拒的。一旦穿过了视界，我们不幸的攀岩者除非能让时间停止，否则他就无法阻止自己的下落。同时，在他落到奇点上之前也没有什么能"伤害"到他。在此之前，他仅仅是在真空中下落而已。他将感觉自己失重了，就像我在科莱奥贞尼的那次坠落一样。这就凸显了广义相对论中的一条基本假设：一个自由下落观察者的感觉和他在真空里的感觉是一样的。

下面是另一个可能会有所帮助的类比。假设山上有个湖，湖水由一个很小的、流速很快的水渠排出。湖里的鱼知道不要离危险太近，即不要离那个水渠的入口太近，因为一旦它们进入下降的水流，它们就无论如何也游不出那个水渠回到湖里了。不小心进入水渠的鱼也不会受伤（至少暂时不会），但它们别无选择只有顺着水流向下。湖水就像黑洞外的时空，而黑洞里面就像水流。奇点对应的则是那些尖锐的岩石，水流落在上面并被击碎。面对尖锐的岩石，水流里面的鱼会立刻粉身碎骨。你也可以设想其他的可能性：比如，水流也许会带着鱼安全、舒适地来到另外一个湖。类似地，也许在黑洞里压根就没有什么奇点，而是一个通向其他宇宙的隧道。这听起来有些牵强，但考虑到我们并不理解奇点，而且我们除非亲自掉进去否则也无法知道在黑洞里到底发生了什么，所以我们也不能彻底排除这种可能性。

在天体物理学的场景中，我们必须警告那些认为可以没事儿似地靠近黑洞并穿越视界的想法。这个警告与潮汐力有关。潮汐力这个名字意味着与海潮的形成有关。月球对地球有引力，更靠近月球的一侧所受的引力会比较大，那一侧的海水因此会

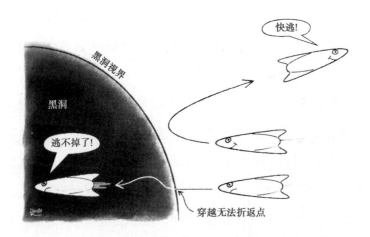

图 3.2　进入黑洞的视界就有去无回了。一艘飞船可以靠近它然后转弯逃离。但假设飞船进去了，就再也回不来了。

受引力的作用而上升。地球背面那一侧的海水也会上升，这听起来非常反直觉。但我们可以这样想：地球中心所受月球的吸引相比于背向月球一侧海水所受月球的吸引更强。背向月球一侧海水的上升是因为它们受月球的吸引较小，这使得它们更加远离月球，也更加远离地球的其他部分。地球上所有其他部分都比背向月球一侧海水离月球更近，也容易受月球的影响，因此这部分会更充分地靠近月球。①

当一个像恒星那样的物体靠近黑洞时，会有类似的效应。恒星靠近黑洞的部分会受到更强大的拉力，恒星因此会被拉长。当恒星靠近黑洞视界时，它最终将会被撕成碎片。这个撕裂既和潮汐力有关，也和恒星围绕黑洞的运动有关。为了避免不必要的复杂性，让我们忽略旋转而仅仅考虑恒星沿直线坠落到黑洞的运动。我们进一步假设恒星是由两个可以自由下落的观测者构成，开始的时候他们之间的距离等于恒星的直径。根据我的设想，让我们假设这两个观测者的轨迹与恒星距离黑洞最近部分和最远部分的轨迹类似。我称离黑洞更近的那个观测者为近端观测者。另一个是远端观测者。黑洞会以更强的力拉近端观测者，仅仅因为他离得更近。这样他将会比远端观测者下落得更快，最终这两个观测者会离得更远。站在他们的角度，他们会感到一个把他们分开的力。这个力就是潮汐力，它表现为

---

① 我们可以这样来理解潮汐，考虑地球上的三个点：一个点代表朝向月球的海水；一个点是地球的中心；第三个点代表背向月球的海水。由于万有引力，朝向月球的海水离月球最近，所以会受到更大的吸引，这使得朝向月球的海水会稍稍靠近月球，同时远离地球的中心。背向月球的海水离月球最远，受的引力最小，会稍稍远离月球，以地球的中心为参照，也就是稍微远离地球的中心。所以，朝向月球的海水和背向月球的海水都对应更高的海水。——译者注

在任何时候，引力对近端观测者的拉拽要远远强于对远端观测者的拉拽作用。

再讲一个也许会有用的类比。假设一串小轿车因车流缓慢堵在了一起。当第一辆车到了一个可以加速的地方，它就立刻会把第二辆车甩下一段距离。即便当第二辆车在同样的地方也开始加速，它将仍然会和第一辆车保持一个越来越大的距离。这与我们刚刚讲过的当恒星落向黑洞时恒星的近端和远端将会有一个越来越大的间距类似。恒星落向黑洞时恒星会被拉长本质上是同一种现象——当然，为了完整真实地解释恒星的运动，我们还需要考虑恒星围绕黑洞的运动，而且最终我们也要考虑靠近黑洞视界时时间的特殊扭曲。

现代的实验试图探测诸如恒星掉进黑洞，或者两个黑洞互相落向对方的过程。其中一个重要想法是探测当两个超大质量物体融合时的引力辐射的爆发。引力辐射是我们用肉眼无法观测的，因为它不是光。引力辐射是完全不同的东西。它是时空畸变本身的波动。它能携带能量，就和光一样。光由光子构成，光子就是小粒子，或光的量子。我们假想引力辐射是由类似的称为引力子的小的量子构成。它们也像光子一样满足相同的能量和频率的关系 $E=h\nu$。它们的速度和光速一样并且也是没有质量的。

引力子和物质的相互作用要比光子和物质的相互作用弱得多，所以我们不能指望通过类似光电效应的实验发现它。相反，我们根据引力辐射的基本性质直接设计探测引力子的方案。当引力波在两个物体之间传播时，它们之间的距离会发生涨落。这是因为它们之间的时空本身在涨落。因此，观测方案就是精确地测量两个物体之间的距离，然后等待它们发生涨落。如果这个方案成功的话，它将开启我们对宇宙的全新认识。同时它也将是对相对论辉煌的直接证实。相对论预言了引力辐射，而从前牛顿的引力理论是没法预言引力辐射的。

广义相对论

实际上我已经间接地讲了很多广义相对论的知识了。它是关于时空的理论，能够描述黑洞和引力辐射。在广义相对论中，时空并不是承载事件发生的静止的舞台，它是一个动态的、弯曲的几何构形。引力波就是这个几何构形上的涟漪，就像我们在湖里扔一个石子会看见水波涟漪一样。黑洞就像从湖里流下的水流。这里的类比并不精确。主要缺失的部分是我们没有考虑时间膨胀，一个和广义相对论核心内容相关的新版本的时间膨胀。

首先，让我们回忆一下狭义相对论中的时间膨胀。在狭义相对论中，时空是固定的。它讨论当物体相对运动时物体是如何表现的。时间膨胀描述了当物体运动时时间是如何变慢的。你运动得越快，时间就流逝得越慢。当你达到光速时，时间就停止了。

下面说说广义相对论中时间膨胀的新特点。你越深入引力的井①——比如一颗大质量的恒星就会形成这样一个引力的井——时间的流逝就越慢。一旦你进入黑洞的视界，时间就停止了。

但，等等！我刚刚才说过除了你掉进去就再也出不来了，关于黑洞的视界并没什么特殊的。穿越视界没有特殊的经历。但如果时间在黑洞视界上停止了，我们怎么能下如此判断呢？这里问题的关键是时间和我们所处的位置有关。一个坠入视界的攀岩者所经历的时间和我们在视界之外哪怕一点点间距所经历的时间是不同的。而一个远离黑洞的观察者所经历的时间又不一样。从远离黑洞的观察者的角度看，任何东西坠入视界都需要无穷长的时间。如果是他看到攀岩者正在落向黑洞，他看到的将是这个攀岩者非常缓慢地靠近视界但永远都不会掉进去。

---

① 引力的井是个很形象的说法，当我们靠近某颗恒星，就像掉到一口深井之中。——译者注

而根据攀岩者自己对时间的感觉，只需要经过有限时间他就能掉进去，而且再过有限时间，他就能落到黑洞的中心、奇点的所在。我们说那个攀岩者的时间膨胀了，因为他的一秒对应远处观察者长得多得多的时间。时间对那些靠近视界边缘的观察者也膨胀了，越靠近视界边缘，时间就流逝得越慢。

所有这些看起来抽象得吓人，但它们对现实世界还是有影响的。比如地球表面的时间就比在外太空流逝得慢。它们的差别很小：仅比十亿分之一小一点点。但全球定位系统（GPS）就必须要考虑这个差别。这里的道理很简单，精确的时间测量是使 GPS 能够在地球表面精确测定位置的前提之一。现在这些时间测量受时间膨胀的影响，既有卫星运动的原因，也有卫星并不像我们人更深处地球的引力井底部的原因。合理地考虑时间膨胀是使全球定位系统正常工作的关键因素。

前面提到过在时间膨胀和动能之间存在着联系。让我们回忆一下。动能是运动的能量。当你运动的时候会发生时间膨胀。当你跑得足够快以至于你的能量相当于两倍静能量的时候，时间流逝的速度会慢一半。如果你跑得足够快以至于你的能量相当于你静能量的四倍的时候，那么时间流逝的速度将只有原来的1/4。

这里还有一个很类似引力红移的现象，但与引力能有关。引力能就是通过下落你能够获得的能量。比如一块太空碎片落到地球上，通过下落获得的能量略小于它静质量的十亿分之一。并不奇怪，这个数字和描述在地球表面上引力红移的比例正好一样。由于引力的缘故，时间在不同地方以不同的比率流逝。实际上这正是引力，前提是引力场不要太强。物体由时间流逝快的地方坠落到时间流逝慢的地方。这种下降加于我们的感觉，我们称之为引力，其实就是时间在高处和低处流逝快慢的差别比率。

黑洞不黑

弦理论家对黑洞的兴趣很大程度上来自它的量子力学性质。量子力学从头改变了对黑洞性质的界定。黑洞的视界不再是黑的了。它们像煤块一样闪着光，但它们的光非常弱、非常冷——至少，对我们正在谈论的天体物理学中的黑洞是这样的。黑洞闪光意味着它有温度。这个温度与黑洞表面引力场的强度有关。黑洞越大，它的温度就越低——至少，对我们正在谈论的天体物理学中的黑洞是这样。

关于温度，以后我们还会再提，所以最好我们现在就把它仔细讨论一下。理解温度正确的方式是通过热能或热量。一杯热茶的热量来自于水分子的微观运动。把水冷却，就是把水里的热能吸出来。每个水分子的运动会越来越不剧烈。最后，水会冻结为冰。这发生在零摄氏度。但冰里的水分子仍会微微地运动：在冰的晶体里水分子在各自的平衡位置附近做振动。我们可以把冰的温度降低，随着温度越降越低，振动会越来越弱。最后，在 −273.15 摄氏度，所有的振动都会停下来——是几乎停下来：水分子按量子力学不确定原理所要求的程度被限制在各自的平衡位置附近。我们不能使温度降到比 −273.15 摄氏度（相当于 −459.67 华氏度）更低，因为我们已经无法从那里面吸取热能了。这个最冷最冷的温度被称为绝对零度。

强调一下是量子力学使水分子即便在绝对零度下也没法彻底停止振动。让我们在这里稍作展开。不确定关系写为：$\Delta p \times \Delta x \geq h/4\pi$。在冰的晶体中，你相当精确地知道每一个水分子的位置。这意味着 Δx 很小：肯定小于相邻水分子间的距离。如果 Δx 很小的话，这意味着 Δp 不能太小。所以，根据量子力学，每一个水分子仍然会晃晃悠悠地小幅运动着，即便它们在绝对零度时被冻为一块冰。和这个运动相对应的是一些能量，称作"量子零点能"（quantum zero-point energy）。其实在讨论氢原子前，我们就已经接触过它了。还记得我们把氢原子中电子的最低能量比作是钢琴琴弦的基频吧。电子仍在运动，它的位置和动量都有一些不确定。人们往往把这种现象描述为量子涨落。它的基态能可以被称为量子零点能量。

小结一下，在冰的晶体里有两种振动：热振动和量子涨落。我们可以通过给冰降温到绝对零度来摆脱热振动。但你永远无法摆脱量子涨落。

绝对零度这个概念是如此有用以至物理学家更习惯于从这个基准出发来度量温度。这种度量温度的标准被称为开尔文温标。一度开尔文——或，更经常地，一开尔文——就是绝对零度之上一度，或 -272.15 摄氏度。273.15 开尔文是 0 摄氏度，冰就是在这个温度开始融化的。如果使用开尔文温标的话，热振动的特征能量就由一个简单的方程给出：$E=k_{B}T$，这里 k_{B} 是玻尔兹曼常数。例如，在冰的融点，这个公式计算出单个水分子热振动的特征能量是电子伏的 1/40。这几乎是把钠原子里的电子一脚踢飞所需能量的 1/100，如果我们还记得的话，在第 2 章我们曾提到这个能量是 2.3 电子伏。

为了让你对开尔文温标更有感觉，下面我说几个有趣的温度。空气会在大约 77 开尔文变成液体，大约相当于 -321 华氏度（或 -196 摄氏度）。室温大约是 295 开尔文（或 22 摄氏度，72 华氏度）。物理学家能够把小物体的温度降到低于一开尔文的 1/1 000。在温度的另一端，太阳表面的温度是稍低于 6 000 开尔文，而太阳中心的温度大约是 1 600 万开尔文。

那么这些和黑洞何干呢？黑洞不可能由具有热振动和量子

振动的小分子构成。与之相对，一个黑洞仅由真空、视界和一个奇点构成。而真空看起来是个相当复杂的东西。它所经历的量子涨落可以被大致描述为粒子对的瞬间产生和湮灭。如果一对粒子在靠近黑洞的视界产生，那么就有可能一个粒子落向黑洞而另一个粒子逃逸出来，从黑洞里带走一份能量。这种过程会使黑洞看起来具有一个非零的温度。简单来说，视界会把一部分无所不在的时空的量子涨落的能量转变为热能。

黑洞的热辐射很弱，对应一个非常低的温度。比如，考虑一个由重恒星因引力坍塌而形成的黑洞。它里面可能有相当于几个太阳的质量。它的温度将是大约 20 个十亿分之一开尔文，或 2×10^{-8} 开尔文。大部分星系中央的黑洞要比这重得多：比太阳重百万倍，甚至十亿倍。比太阳重 500 万倍黑洞的温度是万亿分之一开尔文的百分之一，即大约 10^{-14} 开尔文。

吸引弦理论家的不是黑洞视界的极端低温，而是那些可能被弦理论描述的特定对象，它们被称为 D- 膜（D-branes），或很小的黑洞。这些非常小的黑洞可以有广泛的温度取值，从绝对零度到任意高的数值。弦理论把小黑洞的温度和 D- 膜的热振动联系起来。我将在下一章更详细地介绍 D- 膜，在第 5 章告诉你更多关于 D- 膜是如何与小黑洞相联系的知识。这个关系是我们最近用弦理论解释重离子对撞试验的核心，我将在第 8 章中讨论它。

弦 论

　　在普林斯顿上大二的时候，我选了一门罗马史。这门课主要讲罗马共和国时期的历史。罗马如何在文治和武功两方面同时达到极高的成就，这个问题深深地吸引了我。罗马人发展了不成文的宪法，有一定程度的代议民主。他们首先征服了他们的邻居，然后是意大利半岛，最后征服了整个地中海和更远的地方。同样吸引人的还有共和国晚期的内战和结束了内战的皇帝的独裁统治。

　　在我们的语言和法律系统中充满了古罗马的回声。比如，我们可以看一枚二十五美分硬币的背面。如果它铸造于1999年之前，上面会有一只落在一束木棍上的鹰。这束木棍叫法西斯，在罗马它是力量和权威的象征。罗马还在文学、艺术、城市建筑与规划、军事战术和军事战略等领域有重要贡献。罗马帝国最终接纳了基督教，这就是为什么基督教在今天如此繁荣的原因。

　　尽管我是如此的喜爱罗马史，但这里让我提及它的真正原因是弦论，罗马让我想起弦论。虽然我们和罗马人已经相隔很多个世纪了，但我们仍深受他们的影响。如果正确的话，弦论所描述的物理的能量量级要远远高于我们能直接探测的能量。假如我们能直接测量弦论所描述的能量量级的话，我们将可能看到以下这些奇特的事物：额外维度、D-膜、对偶，等等。假设弦理论正确的话，这些奇特的物理构成了我们体验的基础，就和罗马文明构成我们今天的基础一样。弦论与我们体验到世界的距离不是很多世纪的时间，而是能量量级上的巨大鸿沟。我们需要使用比今天最新粒子加速器强一百万亿倍的加速器，才能使弦论中的额外维度显现并直接观察到弦论所带来的物理效应。

这个能量量级上的鸿沟给我们带来弦论中最让人不舒服的一面：它很难被实验检验。在第 7 和第 8 章中我将讨论把弦论和实验联系起来的努力。在这一章和接下来的两章中，我将努力按弦论的术语来介绍弦论，除一些解释性的说法外我将不试图把弦论和现实联系起来。在类比的意义下，我们可以把这些章节看作是对罗马史的简介。罗马史的叙述跌宕起伏。有时很难跟得上。但我们研究罗马并不仅仅是为了了解他们的世界，通过罗马我们也能了解我们自己的世界。弦论里也有一些令人惊讶的跌宕起伏，我对它们的解释并不总是那么容易。但至少我们现在有了一个了解弦论的好机会，它最终将是我们理解世界的基础。

本章，我们将分三个重要的步骤来理解弦论。第一步，我们将了解引力和量子力学之间存在的根本紧张关系是如何在弦论中化解的。第二步，我们将理解弦的振动以及它是如何在时空中运动的。第三步，我们将一瞥时空自身是如何从最流行的对弦的数学描述中呈现的。

引力对战量子力学

量子力学和广义相对论是 20 世纪早期物理学领域最伟大的胜利。但它们却很难彼此相容。这个困难和重整化有关。在前面的章节中我们已经讨论过光子和引力子，通过比较光子和引力子我们来讨论什么是可重整化。结论是这样的，光子将导致一个可重整化的理论（即一个好的理论），而引力子将导致一个无法被重整化的理论——这也就不能算是理论了。

光子对电荷作出响应，但它们自己却不带电。例如，氢原子中的电子是带电的，当电子从一个能级跃迁到另一个能级时，它发射出一个光子。这就是所谓光子对电荷作出响应。说光子本身不带电就和说光不能导电一样。如果它能的话，我们触摸被太阳晒了很久的东西，我们就会被电击。光子之间也不能相互响应因为它们只对电荷响应。

引力子不对电荷响应，但它对质量和能量响应。因为引力子也携带能量，它们自己也对自己响应。它们能自我引力化。看起来这不会有问题，但这就是我们麻烦的来源。量子力学告诉我们引力子既是粒子也是波。根据假设，粒子就是一个点状物体。我们距离一个点状的引力子越近，它激发的引力就越强。

引力子的引力场可以理解为它发射出的其他引力子。为了标记所有这些引力子，我们称最初的那个引力子为妈妈引力子。妈妈引力子发射出的引力子为女儿引力子。离妈妈引力子不远处的引力场非常强。说明它的女儿引力子具有非常强的能量和动量。这也可以从不确定原理看出：女儿引力子是从距离妈妈引力子很近的 Δx 处观察到的，这意味着它们动量的不确定度 Δp 很大，满足关系 $\Delta x \times \Delta p \geq h/4\pi$。问题是引力子还对动量作出反应。女儿引力子自己也将发射出引力子。整个过程就是这样开始的：你没法跟踪所有这些引力子的效果。

对电子来说实际上也会发生类似的事情。如果你非常靠近电子并测量它的电场，电子会被激发并发射出大动量的光子。看起来这没什么，因为我们知道光子不能继续发射光子。麻烦的是，它们可能会分裂，分裂为电子和正电子，然后就可以发射出更多的光子。这非常糟糕！神奇的是，对电子和光子而言，你实际上能跟踪所有这些粒子相互之间的级联增生。我们把电子和它所有的后代看成一个整体，称它为"穿好衣服"的电子。电子的后代在物理学家的行话里称为虚粒子。重整化就是计算全部虚粒子的数学方法。重整化的精神是，电子自己可能具有无穷的电荷和无穷的质量，但一旦电子穿上衣服，它将具有有限的电荷和有限的质量。

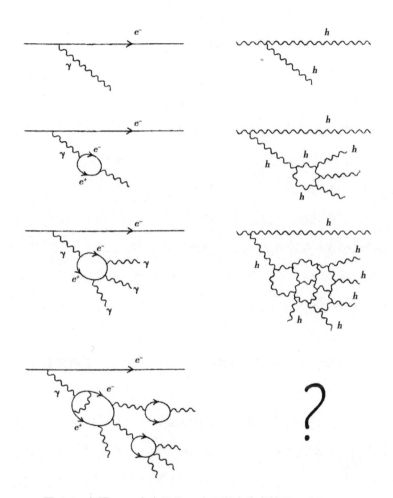

图 4.1 左图：一个电子（$e-$）可以产生虚粒子：光子（γ）、正电子（e^+）和更多的电子。粒子的级联增生足够慢，使得我们可以用重整化方法计算它们。右图：一个引力子（h）产生了太多的虚引力子以至于我们没法用重整化对它们进行计算。

引力子的麻烦是你没法把围绕它们的虚引力子云重整化。广义相对论——引力的理论——是不能被重整化的。这听上去是个晦涩的技术问题。也有可能，我们把问题搞错了，但这只有微小的可能性。可能性稍大的是，有一种和广义相对论类似的，称为最大超引力的理论是可以重整化的。但和大多数弦理论家一样，我非常确信地认为把量子力学和引力融合在一起会碰到一个根本的困难。

在弦论中，我们上来就假设粒子不像点，它们是弦的不同振动模式。弦非常细小，但它有确定的长度。这个长度非常小，根据弦论中的一般看法，只有大约 10^{-34} 米。现在，弦像引力子一样互相响应。你可能会担心由虚粒子云导致的一整套麻烦——实际上，我们有虚弦——它可能和引力子一样会失去控制。这个问题并没有出现，因为弦不是点。引力所有的困难都来自点粒子，我们假设它们是无穷小的，就像它的名字所提示的"点粒子"。把引力子替换为振动的弦解决了它们之间是如何相互作用的问题。我们可以这么来解释，当一个引力子分裂为两个的时候，你可以确定分裂发生的时刻和位置。但当一个弦分裂时，它就像一根管子的分叉。在分叉的地方，管壁并没有破：光滑的 Y 形状，严丝合缝，只是形状有些特别。所有这些都决定弦的分裂是一种比粒子的分裂更和缓的事件。物理学家说弦之间的相互作用本质上是"软"的，而粒子之间的相互作用本质上是"硬"的。正是这种软使得弦理论比广义相对论更乖巧，而且更容易被量子力学处理。

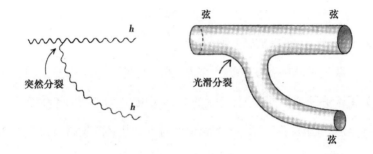

图4.2　引力子的分裂很突兀。弦的分裂发生在一段时空区域里，所以它更温柔。

时空中的弦

现在让我们简要回忆一下前面讨论过的振动的钢琴的弦。我们把琴弦在两个琴扭之间绷紧，然后拨动它，它将以确定的频率振动。频率就是琴弦一秒振动的次数。钢琴的琴弦还有泛音的振动：更高的音高与基音频率混合产生和钢琴有关的特殊的声音。我们可以把这种现象与氢原子中电子的行为类比：它也有一个偏爱的振动模式，与电子的最低能级对应；还有其他振动模式和更高的能级对应。这个类比可能会让你觉得有点冷：

氢原子里的电子和绷紧弦上的驻波有什么关系呢？它更像一个围绕原子核转动的粒子——就像一个无穷小的行星围绕着一个微小的太阳。难道不是吗？嗯，既是也不是吧：量子力学告诉我们粒子的图像和波动的图像是紧密关联的，电子围绕质子的量子力学运动可以被描述为一个驻波。

我们可以更直接地把一个钢琴的弦与弦论中的弦进行比较。为了区分弦的不同类型，我们称弦论中的弦为"相对论弦"。这个术语提示了我们即将要讨论的对象，从名字上看就是考虑了相对论的弦，既考虑了狭义相对论也考虑了广义相对论。首先，我想先讨论一种和绷紧的钢琴弦类似的弦理论构造。相对论弦在一种叫 D- 膜的物体上终止。如果我们要抑制弦之间相互作用的效果，D- 膜就需要无穷重。我们将在下一章中更仔细地讨论 D- 膜，现在它们就是我们理解问题的拐棍。最简单的 D- 膜是 D0- 膜，读作"D- 零膜"。它就是一个点粒子。点粒子又出现在我们的讨论中，对此你可能会感到困惑。弦论难道不就是为了摆脱它们吗？事实上，我们只摆脱了它们一段时间，然后在 20 世纪 90 年代中期，点粒子和很多其他东西又回来了。我们现在讲这些还有点早。我们需要的是一个可以与钢琴调音旋钮对应的弦论，这个角色 D0- 膜太合适了，我实在忍不住要引入它们。所以，让我们在两个 D0- 膜之间绷紧一个相对论弦，就像我们在两个调音旋钮之间绷紧一个钢琴的弦。D0-膜不与任何东西缔合，但它们也不运动，因为它们是无穷重的。很疯狂，对不对？下一章我会讨论更多的D0-膜。这里我想讨论的是绷紧的弦。

绷紧弦的最低能级对应没有振动。当然，是几乎没有。小的量子力学涨落永远存在，而且这一点马上会很重要。对基态的正确说法是，它具有一个量子力学允许的小的振动能量。相对论弦处在激发态时，它会以基音频率，或它的一个泛音频率振动起来。它可以同时以几个不同的频率振动，就像一架钢琴的琴弦一样。但就像氢原子中的电子不能以任意的方式运动，相对论弦也不能以任意的方式振动。电子必须在分离的一系列能级中选择一个能级。类似的，弦也必须在不同的振动状态中选择。不同振动状态有不同的能量。而能量和质量又通过公式 $E=mc^2$ 相联系。所以弦的不同振动态就具有不同的质量。

假如在弦的振动频率和弦的能量之间存在一个简单的关系就好了，就像公式 $E=h\nu$ 把光子的频率和光子的能量联系起来。弦论中确实存在这样类似的联系，但不幸的是它没有那么简单。弦的总质量来源于几个不同的贡献。首先，有弦的静质量：这个质量和D0-膜之间绷紧的弦有关。其次，对每个泛音频率还存在振动的能量，这对质量也会有贡献，因为能量就是质量 $E=mc^2$。最后，还有来自量子力学不确定性所允许的最低能量的

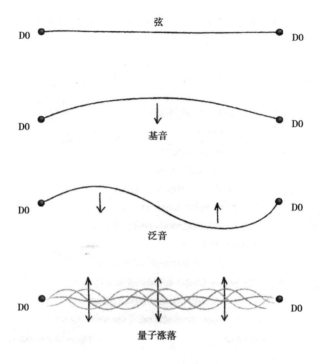

图 4.3　两个 D0-膜之间绷紧弦的运动

贡献。这个源自量子涨落的贡献称为零点能量。"零点"这一
术语提醒我们这项量子力学贡献是永远无法拿掉的。零点能对
质量的贡献是负的。奇怪，这太奇怪了。为了理解这有多奇怪，
让我们这么设想。假设你只考虑弦上一个振动模式，零点能是
正的。更高的泛音振动对零点能有更大的正的贡献。但当你把
它们以某种合适的方式都加起来的时候，你将会得到一个负数。

如果这还不足够严重的话，还有更糟糕的事情：当我说零点能对质量的贡献是负数的时候我撒了一点小谎。所有这些效应——静质量、振动能和零点能——加起来对应的是总质量的平方。所以如果零点能是主要贡献的话，质量的平方就是负的。这意味着质量是虚的，就像 $\sqrt{-1}$ 一样。在你把所有这些看作是胡说八道扔到一边之前，让我赶快来说明一下实际上有一大堆弦论是致力于摆脱我上面所说的这一可怕问题的。简单来说，一个相对论的弦在其能量最低的量子态上有负数开方的质量。一个处于这种状态下的弦称为快子。没错，就是那些星际迷航人物在几乎每一季中都会遭遇的快子。这显然是个坏消息。前面我已经说明，弦是绷于两个 D0-膜之间的，通过把它们分开，只要它们分得足够开，绷紧弦所需要的能量对质量的贡献就会比量子涨落大，这样我们就可以不考虑它们了。但即使没有 D0-膜，这里仍然有弦。弦不再结束于任何东西上，它们自我封闭。弦不再是被绷紧的了。它们可以振动，也可以不振动。它们唯一必须做的事情就是量子力学的涨落。和从前一样，这些量子力学的零点涨落将会使它们变得像快子。这很糟糕，对弦论来说是个坏消息。关于这个问题的现代观点是这样的，快子是不稳定的，所谓不稳定就好像我们把铅笔倒过来放，我们努力使铅笔通过铅笔尖和桌面的接触达到平衡。如果你足够耐心和仔细的话，你也许能让铅笔以这种方式达到平衡。但我们只要轻轻呼出一口气就能让铅笔倒下去。具有快子的弦论就好像是一个描述了上百万只铅笔运动的理论，它们充斥着整个空间，都通过铅笔尖和桌面达到平衡。

让我不要把整个事情说得那么悲观。这里仍然有拯救快子的妙方。我们假设弦的基态仍然是快子，具有负的质量平方：$m^2 < 0$。振动能使 m^2 变得不那么负。实际上，如果你处理得当的话，量子力学允许的振动能的最小增量将会使 m 正好等于 0。这很棒，因为我们知道在自然界中确实有质量为 0 的粒子：光子和引力子。所以如果弦论可以描述这个世界的话，就必须得有无质量的弦——更精确地说，就必须得有无质量的弦的振动量子力学态。

当然我也说过如果你处理得当的话，这意味着什么呢？嗯，这意味着你需要 26 维的时空。你应该已经感觉到我们马上就要讨论这个了。这里有几个关于 26 维的理由，但大多数都太数学了，恐怕我也不能把它们说得令人信服。我想讨论的理由和以下这些点有关。我们知道我们需要无质量的弦的态。我们知道存在零点量子振动使得 m^2 变成是负的。我们还知道存在更多振动的模式使得 m^2 可以有其他的变化。最小振动能与时空的维度无关。但零点量子涨落是依赖于时空的维度的。想想看：什么东西振动起来的时候，就好像是一架钢琴的弦，它会在一个确定的方向上振动起来。一个钢琴的弦在它被拨动的方向上振动起来。对一架大钢琴[①]来说，就是上下的振动，而不是左右的振动。振动会选取一个方向而忽略掉其他的方向。与之相反，量子力学的零点振动会在每一个可能的方向上出现。我们每引入一个新的维度都会带来一个新的有待利用的量子涨落的方向。更多的方向意味着更多的零点振动，对 m^2 负的贡献也更大。剩下的问题就是振动能是如何与不可忽略的零点量子涨落相互抵消的。这离不开计算。计算的结果表明最小振动能的大小将正好抵消26维的量子涨落，导致我们希望的无质量弦的态。这真的很光明，因为它不是 26 加半个维度。

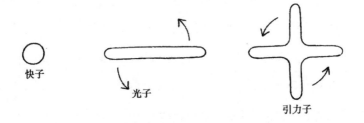

图 4.4　弦的量子力学态的卡通表示，它们的行为可以像一个快子、一个光子或一个引力子。

---

① 大钢琴（grand piano），就是三角钢琴。——译者注

　　如果你对弦的振动和零点量子力学涨落感到困惑的话，也不需要着急。它们实际上是相似的。它们唯一的区别是振动是可有可无的，而零点量子涨落是必须有的。零点涨落是由不确定原理决定的振动的最小量。此外还有振动，那些振动也是量子力学的。这有助于我去设想那些给定弦的具有特定形状的振动：可能是圆形的，可能是三叶草形的，也可能是翻起来的并且在旋转，等等。我们假设这些特定的形状对应不同的粒子。但我们说振动弦的形状也是不精确的，因为所有振动都是量子力学的。更好的说法是不同弦的量子振动模式对应不同的粒子。所谓形状其实是我们脑子里想象出来的，它可以帮助我们可视化量子振动的某些特征。

　　小结一下，我们现在既有好消息，也有坏消息，还有更坏的消息。弦有这样的振动模式，它们的行为使之看起来像是个光子或引力子。这是好消息。它们只能在26维兑现。这是坏消息。这里还有具有虚质量的弦的振动模式，即快子。快子说明整个理论是不稳定的。没有比这更糟糕的消息了。

　　超弦理论解决了快子问题，而且它把维度由26降到了10。它还导致了可以让弦的行为像是电子的新的振动模式。所有的这一切都太酷了。假如存在一个超级出色的弦论，使我们能够把维度降为4，那我们就大功告成了。我这么说有一半是在开玩笑。实际上确实存在这样一个超级出色的弦论，更技术化的名字是具有扩展的局域超对称的弦论。它使得维度的数字降为 4。不幸的是，这里的维度是成对出现的，所以或者我们有四个空间的维度但没有时间，或者我们有两个空间的维度和两个时间的维度。这可不行。我们需要三个空间的维度和一个时间的维度。10 维超弦理论需要 9 个空间维度和 1 个时间维度。为了使超弦理论对应世界，我们需要用某种方式在 9 个空间维度中去掉 6 个。

关于超弦我还想告诉你很多，但大部分我们不得不等到下一章。我们先集中精力讨论一下快子问题是如何解决的，当然在这里只是个梗概。超弦不仅在时空中振动，也在其他维中振动，以更抽象的方式。这些其他方式的振动也仅仅是部分解决了快子的问题，并不是完全解决。现在还残存着具有负的质量平方项的振动模式。故事的关键是如果你由这样的振动模式开始的话，它们代表着光子、电子和其他我们需要的粒子，无论这些粒子如何碰撞，你都永远不能得到一个快子。看起来整个理论仍然平衡在一把刀的刀刃上。它还需要一个特别的对称性来帮助它达到平衡。这个对称性就是超对称。物理学家们希望能够在未来的几年里发现超对称的证据。如果它被找到了，我们中的很多人会把它看做是对超弦理论的证实。我将在第 7 章中更仔细地讨论这个问题。

弦的时空

关于弦在时空中的振动或涨落我已经说过很多了。现在让我们后退一步并提问，那么空间是什么？时间又是什么？一种观点认为空间的意义仅仅在于存在于空间中的物体。空间所描述的是物体之间的距离。关于时间的类似观点是说时间本身是没有意义的，它仅仅描述了事件之间的次序。让我们说得再具体点，考虑一对粒子，A 和 B。一般的观点认为它们各自都在时空中的某个轨道上运动，轨道相交时发生碰撞。这说得也许并不错。但让我们换一个角度，假设如果没有粒子时空就没有意义。这意味着什么呢？嗯，为了描述粒子 A 的轨迹，我们可以研究位置随时间变化的函数。同样也可以这样来描述粒子 B。如果我们可以这样做的话，我们就可以不管时间和空间了，除非它们用于表示粒子位置的演化。我们仍然可以知道粒子之间是否发生了碰撞，因为当它们碰撞的时候它们将具有相同的位置和时间。

如果这说得太抽象的话，让我们把粒子设想为配备了 GPS 装置和钟表的赛车。让我们假设 GPS 装置每秒钟都会记录赛车的位置。我们能从研究 GPS 装置的记录中得到什么呢？好，首先让我们假设所有的赛车都在相同的赛道上运动。通过 GPS 的记录，首先我们知道赛车将周期性地回到相同的地点，即每行驶固定的距离——赛道的周长，赛车就将回到相同的地点。于是你得到结论，啊哈！赛车原来是在一个圆形的赛道上行驶。其次，假设你注意到赛车在不断地加速和减速。在此过程中也许你的头会被擦伤，这时你终于得出结论说赛道并不是圆形的！除了有弯曲的赛道，赛车必须减速，还有直线赛道，在这里它们可以快速行驶。你可能还注意到所有有 GPS 记录的赛车都按相同的方向围绕赛道行驶。你可以正确地推论这里存在着一个规则，所有的赛车都必须按相同的方向行驶。最后，你还注意到我们的赛车可能会经历很多次几乎相撞的情形但从来都不会真的相撞。于是你理智地推论说赛车的目的就是确保不要相撞。

最后就是只要看很多赛车的 GPS 记录，尽可能多地收集信息，你就能知道不少关于赛道及如何在赛道上行驶的信息。与直接看一场真实的赛车相比，这是一种非常笨拙的发现规则的方式。但观看赛车是一项非常复杂的活动。你站在赛道外边——这本身就意味着没有时空赛道就不能在那里。观看意味着光子会从赛车上反弹并射入你的眼睛，这里涉及大量的物理知识。相比之下，通过 GPS 记录所有车的位置确实会来得简单得多，一秒一秒地记录，这里确实包含了关于赛道的基本信息。有了这些记录，你就不需要问诸如观察者站在什么地方，光子是从哪里射到哪里这类问题了。你没必要去问——实际上，你也没理由去问——在这个世界上除赛道之外是否还存在别的东西。甚至你都没必要假设赛道存在。实际上你是从研究赛车移动的数据才推论出赛道的存在及其性质的。

弦论在很多方面与之类似。我们从弦运动和相互作用的方式推论出时空的性质。这种方法称为世界面弦论。世界面是记录弦如何运动的一种方式。它就好像是逐秒的 GPS 记录，记录了赛车在赛道上所处的位置。当然，由于以下两个原因，世界面更复杂。首先，一根弦是又长又软的，当我们说一根弦所处的位置的时候，我们必须说清楚弦上每一个小部分所处的位置。其次，正如前面我们回顾过的，弦通常有 26 维，或至少有 10 维。这些维度可能会以某种复杂的方式弯曲或卷曲起来。我们一般不能以"站在赛道边"并"看"赛道上赛车的方式去看时空的几何结构。有意义的问题是那些可以被表述为弦是如何运动并相互作用的问题。时空本身在世界面近似中只是弦的经验，而不再是固定的舞台。

弦的世界面仅仅是个外表。如果把它切开的话，你能得到一个曲线，这个曲线就是我们设想中的弦。以不同的方式切开世界面就像我们在不同的时刻查看赛车的 GPS 记录。为了说清弦是如何在时空中运动的，你必须给世界面上的每一个点规定好它对应空间中的位置和时间中的时刻。这就好比给世界面附加上一整套指标。当你切开世界面时，你获得的曲线将仍然带着那些指标，所以它"知道"在空间中它应该具有的形状。世界面作为一个整体是弦在时空中运动所划出的表面。

设想一下地形图，你就可以理解我说的给世界面做标记了。在地形图上有等高线，而且每条线都带着标记——或者，如果有很多的线的话，我们可以每 5 条线标记一条。现在，我们就有了地形图，它本身是平的，只是一张纸而已。但它却可以表示多山的地形。

一种设想弦世界面的方式是把它想象为描述弦如何在时空中运动的地形图。但另一种观点说弦世界面就是全部了，时空不过是你在世界面上写下标记的集合。在普通的地形图上，标记是海拔，所以标记的集合代表的不过是地球表面所有可能抬高的范围：如果不算海盆的话就是从大约 −400 米到大约 8 800 米。在世界面弦论中，每个标记都记录着一个 26 维位置的信息（或在超弦中是一个 10 维位置的信息）。这 26 个维度中的某些维度会弯曲变形并重新和它们自己连接起来，就好像是封闭的赛道。这里的时空概念是从我们对世界面的标记中"呈现"出来的，这就好像我们说海拔是从我们如何对地形图进行标记中"呈现"出来的一样。

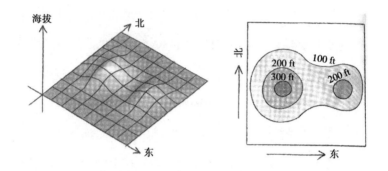

图 4.5　左图：两座山峰，中间是个马鞍形的凹陷。右图：有等高线标记的山峰的地形图。

现在让我们停下来小结一下，并讨论世界面弦论中的一个精彩之处。我们通常认为弦在时空中振动。如果不是的话，那就更好了，这意味着将会有除动力学原理之外的原则可以控制弦的形状。在弦论中就是这样。在弦论的世界面近似中，时空仅仅是描述弦如何运动的一列标记。在量子力学的处理中，这些标记会有小的涨落。现在，这里有真正精彩的地方。计算表明只要时空本身遵从广义相对论的方程，量子涨落就会发生。广义相对论是关于引力的现代理论。这意味着量子力学和世界面弦论可以解释引力。太酷了。

　　这里不解释我们是如何"计算"弦世界面上时空指标的量子涨落的，因为那将牵涉太多技术细节。但有一点和我们的赛车类比有联系，这会对形成我们的直觉有帮助。回忆一下，我曾经说你可以通过观察赛车在特定赛段的减速和加速来判断赛道是直的还是弯曲的。嗯，有一件事是几乎可以肯定的，那就是在赛道上几乎没有拐角，所谓拐角就是非常突然的转弯。因为当赛车靠近拐角的时候，所有的车会停下来，这样的比赛就没意思了，因此拐角的设置是有违赛车精神的。类似的，在广义相对论的方程中有一样东西是几乎完全被禁止的，它就好比是时空中的拐角——通常被称为奇点。我说"几乎"是因为奇点实际上是可以在黑洞的视界后面存在的。在大多数情况下，时空中是没有奇点的，就好像在赛道上是没有拐角的。就像赛车很难不停下来就在拐角处拐弯一样，弦也不能穿越大多数的奇点。但确实有例外的情形。弦论中的一个奇妙而巨大的主题就是如何理解那些可以存在的奇点的类型。通常这些奇点是不能用广义相对论来解释的。所以弦论实际上允许了比相对论更丰富的时空几何的类型。我们知道那些弦论允许的额外的几何在某些情况下与膜有关，这将是我们在下一章中要讨论的问题。

膜

5

1989 年，在结束我的高三课程后，我参加了一个物理夏令营。我们在那里曾听过一个关于弦论的讲座。在讲座进行到一半的时候，我们中的某个学生问了一个尖锐的问题。他的意思是，"我们为什么停在弦上呢？我们为什么不考虑薄片或膜，甚至三维立体的大块量子材料呢？"演讲者是这么回答的，其大意是弦看起来既足够困难又足够强大，而且与膜和立体块状材料相比，弦在某些方面具有特殊性。

让我们把时间快进到 6 年后，即 1995 年，整个弦理论界因 D-膜的出现而激动起来。D-膜其实就是 1989 年那个犀利的学生所问的。它们在弦论中可以具有任何的维度。本章将主要讨论 D-膜和它的一些奇特的性质。我将首先简单地介绍一下第二次超弦革命，它包括一大波新想法，在 20 世纪 90 年代的中期席卷了整个弦理论界。我将更详细地介绍 D-膜是什么、对称的概念以及对称是如何与 D-膜相关的。然后我将介绍 D-膜是如何与黑洞相关的。最后，我将对 M-理论作一些讨论，这是十一维的理论，它是弦论需要的但并非全部是弦论的一部分。

第二次超弦革命

在上一章中我对弦论的描述是基于 1989 年对弦论的理解展

开的。他们知道快子的危险，知道超弦的精妙性质，以及弦与时空的关系。他们还知道一件事（这有点复杂，我几乎没提到过）：它涉及如何把超弦的六个额外维度卷起来的过程，这样我们就只剩三个空间的维度和一个时间的维度了。这看起来很美好，因为这样你就得到了基础物理学中所有最主要的内容了。引力在那里。光子在那里。电子和其他粒子也在那里。它们之间的相互作用是我们需要的。聪明的紧化将给出正确的粒子的列表——这个列表比我刚刚提到的还要多得多。但正确的紧化并不能让弦理论家"完成"他们的工作，即推出我们在真实世界中观察到的那些物理规律。

回忆那个时期，还有另一个问题。那时，我们每天、整天都是弦，弦，弦。要理解弦世界面很深奥，但人们也在这种深奥的理解里暂时迷失了自己，他们看不见除此之外的其他可能性，而最终这种可能性是在第二次超弦革命中被探索的。我很难精确描述那段历史，因为我自己是在第二次超弦革命开始后一段时间才进入这个领域的。但有一点是清楚的，就是越来越多的线索表明弦可能并不是故事的全部。在开始仔细讨论膜之前，首先回顾一些这样的线索将是有益的，它们将使我们对第二次超弦革命有个大致的了解。

一个线索是弦之间的相互作用，随着弦和弦之间分裂和汇聚的事件越来越多，整个过程会变得越来越不可控。有些人建议当分裂和汇聚相互作用变得很强的时候，为了处理这样的弦论，我们应当在理论中引入新的对象。另一个线索来自超引力。超引力是超弦理论的低能极限。这里我说"低能极限"的意思是你将不考虑除最低能量振动之外的其他超弦的振动模式。剩下的将只有引力子和一些其他我们可以精确理解的粒子，只要它们的能量不是太高。我们发现在超引力理论中有一些重要的对称性在弦论的世界面描述中是不出现的。这提示我们世界面描述可能是不完备的。最直白的线索来自对膜的构造。一个膜就像是一个弦，但它可以具有任意空间延伸的维数。一个弦就是一个1-膜。一个点粒子就是一个0-膜。一个膜状物（想象一下细胞膜），在任何给定时间就是个表面，是个2-膜。类似的还有3-膜、4-膜、5-膜（有两种！）、6-膜、7-膜、8-膜和9-膜。弦论中有这么多种膜，看来仅通过弦来理解万事万物是不可能的。最后一个线索来自十一维的超引力。这个理论仅由以下两点出发：超对称和广义相对论。它和来自弦论的超引力理论有些关系，这些关系早在第二次超弦革命前就已经被人理解了。但还不清楚它如何或是否与世界面弦论有关。最糟糕的是，它不能容纳量子力学，所以弦理论家对这种理论是怀疑的，因为他们一直认为量子力学和引力是紧密地关联在一起的。十一维超引力，对弦理论家来说，一句话就是个秘密：有些很接近他们最感兴趣的，但并不完全有意义。

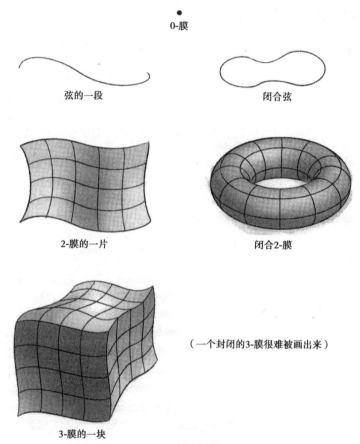

图 5.1　0-膜、弦、2-膜和3-膜。一个弦可以自我封闭形成一个闭合的圈。一个 2-膜可以自我封闭形成一个没有边界的表面。一个 3-膜也可以类似的方式自我封闭，但我们很难画出它们。

当这些线索突然变得清晰起来的时候，这个领域在 20 世纪 90 年代中期后的几年里就有了本质的变化。弦仍然被认为是重要的，但具有不同维度的膜也成为基础。至少在一些情况下，膜必须被放到和弦同等重要的地位上。在另外的情形下，膜可以被描述为具有零温度的黑洞。十一维的超引力也被漂亮地吸纳进这一套新思想里。它是如此关键，以至于有了一个新名字：M-理论。更恰当地说，M-理论就是十一维超引力在低能极限下的所谓自洽的量子理论。不幸的是第二次超弦革命并不能完全解释 M-理论到底是什么。然而，通过膜提供给我们的新工具，我们明白了我们可以用一种新的方式去理解弦论。特别令人惊讶的是当弦之间的相互作用很强时，新的对象（常常是膜）会提供一个更简单的动力学描述。

显然，这里我只简单地介绍了第二次超弦革命中的思想。在本章的剩余部分和第 6 章的很多地方，我将更详细地讨论其中的某些想法。最好让我们由 D-膜开始。

D-膜和对称性

D-膜是特殊的膜。我们是这样定义它们的，D-膜是弦在空间中结束的地方。过了很久人们才认识到这个简单的主意可以发展出一套非常丰富的关于 D-膜如何运动和相互作用的理解。D-膜具有确定的质量,由弦是结束于 D-膜这个想法出发我们就可以计算 D-膜的质量。当弦与弦之间的相互作用变得越来越弱时,这个质量将变得越来越大。在世界面弦论中有一个标准的工作假设就是弦与弦之间的相互作用非常弱。这样 D-膜就变得非常非常重以至于它们很难运动,所以在弦论中我们就很难把它们理解为运动的对象了。我怀疑在第二次超弦革命前人们流行把弦之间的相互作用假设为弱的是另一个妨碍人们把 D-膜看作是运动对象的原因。

在上一章中我曾经介绍过 D0-膜。它们就是点粒子。D1-膜就好像是弦。它们沿一个空间维度伸展出去。它们可以自我封闭形成圈。而且它们就像弦一样,可以用各种方式运动。这意味着它们可以振动,它们可以有量子涨落。一个 Dp-膜在 p 个空间的维度上伸展开。在 26-维的弦论中有 Dp-膜,在 10-维超弦理论中也有 Dp-膜。正如我在第 4 章中解释的,26-维的弦论存在着一个可怕的问题:弦快子,它对应一种不稳定性。对 26-维弦论中的 D-膜而言也存在着类似的不稳定性,但这种不稳定性并不存在于 10-维超弦理论中。在本书的剩余部分,我们在大多数情况下将讨论超弦理论。

通过了解对称性,我们可以理解很多关于 D-膜的性质。迄今为止我都是很自由地使用（对称性）这个词。现在让我来解释下物理学中的对称性是什么意思。一个圆是对称的。一个正方形也是对称的。但一个圆形比一个正方形更对称。我们是这样来下这个判断的。一个正方形在 90° 的旋转下是不变的。一个圆形随便你怎么转它，它都不会变。所以我们可以有很多方式看圆形，它看起来都是一样的。这就是对称性的全部。当一个物体在不同视角下，或不同观看方式下看起来是一样的，它就具有对称性了。

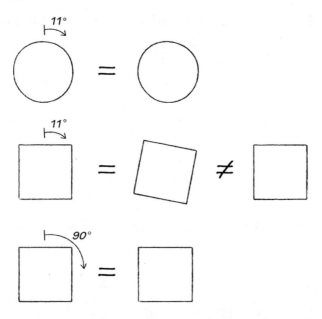

图 5.2　一个圆形转任意角度都不会改变。一个正方形转 90° 也不会改变，但如果让一个正方形转过其他角度它就会改变了。

　　物理学家（和数学家）使用一种更抽象的对对称性的描述。这个概念叫群，或对称群。当你转动一个圆时，比如向右转90°，它就对应群里的一个"元素"。这个"元素"就是转动90°。你不必想象圆就能考虑一个90°的转动。让我们这样设想。每个人都知道向右转是什么意思。一次右转通常意味着我们向右转90°。我们可以讨论向右转而不需要声明我们在哪个十字路口上。我们还知道向左转和向右转相反。如果你在曼哈顿第8大道上向北走，在26街上向右转，然后在第6大道上向左转，你前进的方向和你出发的时候相同：还是向北。我承认并不是每件事都是相同的。你现在在第6大道上，而刚才是在第8大道上。但假设你只记录方向的话。那么，一次右转和一次左转真的互相抵消了，就像我们把1和−1相加得到0一样。

　　关于右转和左转——都是转90°——我们知道还有这样的性质。三次右转相当于一次左转。四次右转后，你将沿初始的方向运动。这与数的加减法非常不同。让我们用1代表一次右转，−1代表一次左转。两次右转就是1+1=2。两次右转和一次左转就是1+1−1=1，所以相当于一次右转。迄今为止还是很好的。但四次右转就相当于没有转弯，这意味着1+1+1+1=0。这就不对了。这说明右转和左转的"代数"与普通的代数是不同的。从数学的角度，我们必须知道群的元素是如何相加的，只有这样我们才能了解一个群。嗯，还不完整。你还必须知道如何去找群元素的"逆"才行。一次右转的逆是一次左转。不论一个群元起什么作用，它的逆总起到一个抵消它的作用。

这里的讨论和第4章我们从弦出发对时空的讨论有点类似。在那个小节，我们从弦世界面是个抽象的表面出发。然后我们描述它是如何在时空中运动的。这里我们把群理解为元素的抽象的集合。然后我们考虑这些群元是如何作用于特定的对象的，比如一个圆形，一个正方形，或一辆运动着的小汽车。

可以断言正方形的对称群（更恰当的说法是正方形的转动对称群）与描述向右转和向左转的对称群一样。一次右转意味着转动90°。当你开车的时候，右转也意味着你在拐角处转弯：你在向前运动的同时转动。但正如刚才我说的，我们将只记录你的方向，忽略掉你向前的运动。如果这就是我们所考虑的，那么这个转90°就只是一个旋转，好像我们停在十字路口中间，我们的车以某种神奇的方式旋转，然后再向前行驶。这里的要点是这些90°的旋转与我们讨论过的正方形的旋转对称严格对应。一个圆形会更对称，因为你可以对它转任意角度，它都不改变。

有没有比圆形更对称的东西呢？当然有，比如一个球。如果你让一个圆形旋转，转出它所在的平面，它当然就不一样了。

但一个球无论怎么转它都是一样的。它具有比圆更大的对称群。

现在让我们回到 D-膜。我们很难记录所有 10 维或 26 维的信息，所以假设我们只需记录通常的四维的信息而不去管剩下其他维度上的信息。一个 D0-膜具有和一个球一样的对称性。在我们现在讨论的层次上，任何点粒子也确实如此。因为对点粒子而言，我们从任何角度看它都是一样的，就像一个球一样。D1-膜可以有很多形状，但最简单的可视化就是当它笔直的时候，就好像一个旗杆。其次它具有圆形的对称性。如果这还不够直观的话，让我们设想一个 D1-膜从人行道上笔直地升起。嗯，这确实有点傻——让我们设想在人行道的中间树一根旗杆。你不能真的旋转旗杆：因为它太重了。但你可以从不同方向看它。在不同角度下它看起来是完全一样的。这就好像我们看画在人行道上的圆。你没法转动它，但从任意角度看它都是一样的。

对称性是对相同概念的精致描述。看起来这会很快让人感到无趣。唉，怎么总是一样啊？但这里也许有一些更精致的东西会让我们感到兴奋。首先，让我们设想一下唱机的转盘。（对比我年轻的朋友，这里我必须提示一下转盘是唱机的一部分，我们把唱片放在转盘上）如果这真的是一个好转盘，它的旋转将是非常平稳均匀的，我们很难通过观察转盘来分辨它是否在转动。这是因为它具有圆的对称性。现在假设我们在上面放一张唱片。因为唱片中央的标签上通常会印一些文字，这时我们就能辨别其是否在转动了。但现在让我们不考虑这个。唱片上还有螺旋形的沟槽。如果靠近看的话，你能看到沟槽是运动的。看起来每个沟槽都在缓慢地运动，缓慢地向内运动。如果你在唱片上放上唱针的话，它将顺着沟槽向内运动。如果你让转盘倒转的话，唱针将缓慢地向外运动。这里的要点是连续的转动将不再是像它看起来的那样了，即不变。我们真的不需要唱片告诉我们这个：这个例子表明转动可以以显著的方式或微妙的方式被探测到。关于转盘的连续转动，我们暂时先说到这里。

像电子或光子那样的粒子永远处在旋转的状态。物理学家喜欢说它们在自旋，就像我们说陀螺一样。电子可以沿任何方向自旋：这意味着，它们旋转的轴可以指向空间中的任何一个方向。物理学家常常称自旋电子的旋转轴为它自旋的轴。当它受到电磁场影响的时候，这个旋转的轴可以随时间的演化而改变。原子核自旋的行为和电子自旋的行为本质上是一样的。磁共振成像（MRI）利用的就是这个性质。在强的磁场下，一个磁共振成像的机器可以使病人身体里氢原子的质子的自旋整齐地排列起来。然后机器发出一个无线电波使一些质子的自旋的转轴发生翻转。当这些自旋再次回到排列好的状态时，它们将发出一些新的无线电波。这些无线电波可以看作是磁共振成像机器发出电波的回声。通过很多技巧和经验，物理学家和医生学会了如何去"听"这些回声，并弄清楚导致它们的身体组织的信息。

光子也有自旋，但不能在任意方向上。它们的旋转轴必须与它们的运动方向一致。这个限制与现代粒子物理学中的核心内容有关，而且它是一种新的对称性的后果，这种对称性称为规范对称。"规范"（gauge）这个词与测量或测量的仪器有关。比如，在英文里测量轮胎气压的气压表就称为"gauge"，比如猎枪的"gauge"说的就是它的口径。在物理学中，当一个对象可以用几种不同的方式描述时，这里没有先天的理由去判定哪一种更优越，一个规范就是描述物理对象所用到的特定的方式。规范对称指的是不同规范之间的等价性。规范和规范对称都是很抽象的概念，所以先让我们来考虑一个普通的类比。前面我曾提到我们很难判断一个转盘是否在转动，因为它是对称的。我们可以这样来补救，我们在转盘的边上用修正液涂上一个白点。涂在什么地方并不重要：比如，你可以涂在离自己近的那一侧，或者你也可以涂在对面即远离自己的那一侧。不管这个记号涂在哪里，它的运动都能让你一眼就看出转盘在转动。我们选择在哪里涂上记号就相当于我们在选择规范。你决定在什么地方涂上记号的任意性就像规范对称。

规范对称会导致对光子的量子力学描述的两个重要后果。首先，它导致光子没有质量，这样它就会永远以光速运动。其次，它使自旋的轴永远与运动的方向平行。很难解释为什么规范对称会导致这两个限制，因为这里用到了量子场论的数学形式。但我可以跟大家解释它们之间的关系。首先考虑电子，它既有质量又有自旋。如果电子停下来，我们说自旋的方向必须与运动的方向平行是没有任何意义的，因为这时电子根本就不运动。但另一方面，一个光子，它总是以光速运动。如果运动的话就一定有运动的方向。这至少使得我们说光子自旋的轴与光子运动的方向平行这句话是有意义的。简单来说，第一个限制（光子没有质量）是使第二个限制（自旋方向和运动方向平行）有意义的必要条件。

从规范对称导致的结果看，它与我们前面讨论过的对称性很不一样。它更像是一套规则。由于规范对称，光子不能停下来。由于规范对称，光子自旋的方向只能指在某些方向上。除此之外，我们还应该知道：电子具有电荷也是因为规范对称。关于规范对称和转盘旋转对称的类比可以帮助我们明白这里的最后一点。电子的规范对称就好像是旋转对称：有些人甚至称之为"规范旋转"。但规范旋转不发生在真实的空间里。它更抽象，而且和我们如何用量子力学描述电子有关。就像转盘会以均匀的速度旋转（如果唱机是打开的话），一个电子会在量子力学的意义下"旋转"，和规范对称有关。这个旋转代表了电子的电荷。电子的电荷是负的，而质子的电荷是正的。这意味着在抽象的意义下它们"旋转"的方向相反，并且和规范对称有关。

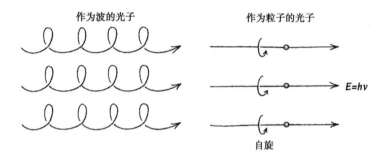

作为波的光子　　　　　作为粒子的光子

$E=h\nu$

自旋

图 5.3　光子既可以看作是波也可以看作是粒子。在粒子的描述下，自旋的轴与运动的方向平行。在波动的描述下，电场是螺旋形的。假设所有的光子都以相同的方式自旋，就像我画的那样，我们就说光是"圆偏振的"。

看来额外维度会使关于电荷的讨论更具体些。假设这里有一个额外维度，它的形状是圆形，这样你就可以设想一种情形，粒子是沿圆形运动的。它可以一边转圈一边向前或向后。如果这个圆形非常小，你就不会注意到其实空间是四维的。尽管如此，基本粒子能沿着这个小圆转圈，前进或后退。如果它们向前的话，它们就带正电。如果它们向后的话，就带负电。整个设计都依赖于圆形的额外维度，所以我们说圆对称和规范对称有很多关系就不奇怪了。实际上，电荷的规范对称和圆的对称是一样的。这看起来是个很抽象的陈述。但它有明显的后果。沿着一个圆转圈或者是向前的，或者是向后的。这里没有第三种方向。同样，电荷或者是正的，或者是负的。这里也没有第三种电荷。

用额外维度里的圆形来解释电荷这个想法早在弦论出现前就有了。它几乎有一百年的历史了。但这个想法从来没有被定量地实施过。实现这个想法是弦论宏大志向的一部分。我们现在当然有一群这样的额外维度，所以应该还是有一些希望的。我们是否正确地考虑了额外维度，这里的关键是规范对称。电荷及其相互作用本质上和圆的对称性及沿圆形的运动有关。

看起来我们已经远离了本章的主题——D-膜。但并非真的如此。D-膜为我们刚刚讨论过的每样东西都提供了例子。我们已经知道D-膜具有旋转对称性：回忆一下我们是如何把D1-膜和旗杆进行类比的，它的旋转对称和圆的旋转对称一样。旋转对称有助于我们解释D-膜的性质。但规范对称也发挥着巨大的作用。这是规范对称和D-膜有关联的第一个线索。我们从笔直伸展开的D1-膜出发，假如我们在某个地方敲击它，两个小小的波动会从我们敲击它的地方传播出去。这些波动将以光速传播出去。它们就像是没有质量的粒子。没有什么能使它们停下来。

我刚刚已经解释过像光子那样的无质量粒子和一种规范对称有关，这个规范对称保证了它们是没有质量的。D1-膜上小的波动基本就是如此。这里我的叙述是有简化的，因为这些小波动并不是那么像光子。它们没有自旋。但，如果我们讨论 D3-膜上的涟漪，它们中的有一些是具有自旋的，而且它们具有和光子完全一样的数学描述。几乎是 D3-膜被发明出来的同时，人们就开始构造一个关于世界的模型，在这个模型中我们所经验的世界的维度就在 D3-膜上。这里仍然有额外维度，但我们没法接触到它们，因为我们被限制在膜上。这类想法的机会来自 D3-膜上可以有光子。接下来我们还需要解释其他大约 15 种基本粒子，这是我们应该完成的任务。可惜的是，D3-膜本身并不能提供它们。对我们来说，找到能够在 D3-膜上构建这个世界所需要的其他要素是研究中的一个活跃的领域。

和电荷类似，超弦理论中的 D-膜也有电荷。在 D0-膜的例子下，这个类比很精确。我们可以说它们的电荷是 +1。还有另外的对象，反 D0-膜，它们具有的电荷是 −1。现在，回忆一下那几乎已经有一百年历史的思想，电荷与额外维度上的圆有关。这个想法和 D0-膜很配。第二次超弦革命的突破之一就是超弦理论可以销掉一个额外维度，这就超越了我们习惯的十。一个 D0-膜，我们还记得它就像是一个点，可以被描述为一个在第十一维空间中运动的点，它在一个圆里卷起来。如果一个粒子在第十一维空间里以另一种方式运动，它就是一个反 D0-膜。正是这个认识使人们突然开始认真对待 11-维超引力。某种意义下，弦理论家一直在没有意识到它的情况下研究它。而且第十一维也不一定就必须卷缩在一个小的圆上。当你使这个圆越来越大的时候，超弦和超弦之间的相互作用会越来越强。它们分裂和汇聚的速度是如此之快以至于我们根本就没希望跟踪它们。但当弦图像的动力学变得更复杂的时候，一个新的维度实际上会打开。十一维超引力是对存在强相互作用超弦的最简单的描述。我们不精确知道如何才能把量子力学和十一维超引力融合起来。但对找到解决方案我们还是有信心的，因为弦论是一个完全的量子力学理论，而且当超弦相互作用变强的时候它确实容纳了十一维超引力。这一系列想法很快就被称为"M-理论"。

弦理论家的一个巨大的希望就是可以从神奇的更高维世界的性质简单地推导出我们所有关于电荷和规范对称的概念。在第7章中我将更完整地讨论这是如何工作的。在第6章和第8章中，我将解释额外维度是如何被用于解释强相互作用的，像质子中的夸克和胶子之间的相互作用。这里我可以先简单透露一下：在某些情况下，或在一些近似下，这些相互作用可以有效地通过一个第五维空间进行表示。当相互作用变得太强时，我们无法在通常的四维空间里跟踪它们，这时这个第五维空间会像 M-理论中的第十一维空间那样"打开"。

D-膜的湮灭

正像我在上一节中解释过的，D0-膜携带一个电荷，同时还有另外一个对象，称为反 D0-膜，它携带相反的电荷。当一个 D0-膜和一个反 D0-膜碰撞的时候会发生什么呢？答案是它们将互相湮灭对方，并在消失的同时发出强烈的辐射。我们将专门在本节更加详细地讨论 D0-膜和反 D0-膜是如何相互作用的。

首先，让我们回到第 4 章中对 D0-膜之间绷紧的弦的讨论。那个讨论的目的是要告诉你弦的质量有三个来源。这里有静质量，其来源是膜之间绷紧的弦。这里有振动项，它就像是钢琴弦被拨动时的运动。最后还有量子涨落项的贡献，这一项是负的，而且很难把它去掉。这最后一项非常麻烦，因为它会导致快子——具有虚数质量的东西。我曾经提到摆脱快子的一个办法是让 D0-膜相互远离，只要足够远就能使绷紧弦的能量超过量子涨落的负贡献。嗯，现在让我们反其道而行之。假设我们由分隔很远的膜出发，然后逐渐使之相互靠近，看看会发生什么？答案是这还得看细节。为了理解这个故事，我们必须仔细区分 D0-膜和反 D0-膜。它们唯一的区别就是它们的电荷。首先考虑两个 D0-膜相互靠近的情况。它们具有相同的电荷，这意味着它们将互相排斥对方就好像是两个电子一样。但它们还有质量，所以它们之间还会有引力在互相吸引着对方。最终总的吸引力将精确地与排斥力抵消。结果是它们几乎感觉不到对方的存在。这样两个 D0-膜之间绷紧的超弦将永远不会变成快子。这是超弦理论如何神奇地解决快子问题的一个小例子。

当我们考虑一个 D0-膜和一个反 D0-膜相互靠近的时候一切将变得不同。D0-膜和反 D0-膜具有相反的电荷。所以它们会相互吸引，就像电子和质子那样。由于 D0-膜和反 D0-膜具有相同的质量，引力是对质量的反应，所以它们之间的引力和刚刚讨论的一样。结果就是在 D0-膜和反 D0-膜之间存在很强的吸引作用。它们之间绷紧的弦知道引力意味着什么。当 D0-膜和反 D0-膜靠得太近的时候，这些弦将会变成快子。在上一章中我曾经强调，对快子的现代理解就是它们是不稳定的。我举的例子是铅笔立在笔尖上。最终，它将倒下去。类似地，在一个反 D0-膜上安放一个 D0-膜也是不稳定的。接下来，正如我在本节开始时说的，它们将相互湮灭。这个湮灭的过程和铅笔的倾倒是可以互相类比的。你可以暂时把第十一维空间设想为一个圆的形状。一个 D0-膜就是在圆上转圈的粒子。一个反 D0-膜就是按

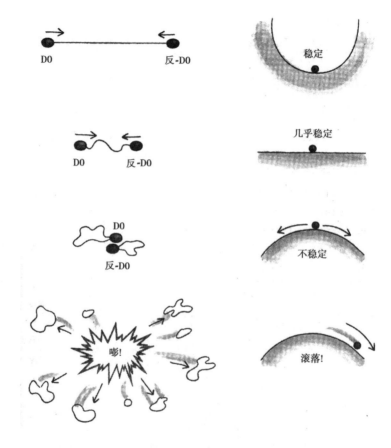

图 5.4 左：一个 D0-膜和一个反 D0-膜相互靠近并湮灭。膜之间的弦在膜相互靠近时会变得像快子。像快子意味着系统是不稳定的。快子就是不稳定的量子。右：当 D0-膜远离反 D0-膜时，潜在的快子实际上是稳定的。当 D0-膜和反 D0-膜靠得太近时，快子将会滚开。滚动在这里类比为 D0-膜和反 D0-膜之间的湮灭。

相反方向转圈的粒子。如果 D0-膜和反 D0-膜正好在弦的两端，这两个粒子将会相撞。当它们碰撞的时候，D-膜将在消失的同时发射出电磁辐射。研究这个过程的细节将教我们学会 M-理论的一些内容，但不幸的是我们对此知之不多。这里的困难在于湮灭过程发生得很快，我们很难在短时间内跟踪放出的如此巨大的能量。我们有把握的，就是基于 $E=mc^2$，即释放出的能量是 D0-膜静止能量的两倍，再加上在 D0-膜和反 D0-膜湮灭前可能具有的动能。

膜和黑洞

我曾经介绍说 D-膜是时空中弦可以终止的地方。我们可以用另外一种方法去设想它们：它们是温度为零的黑洞。当我们有很多膜的时候，一个在另一个的上面，我们这样去设想膜很棒。让我们由 D0-膜开始。正像我刚刚在上节解释过的，在超弦理论中，两个 D0-膜之间不存在任何的净力。它们的引力吸引正好被它们的静电排斥抵消，它们将不会像 D0-膜和反 D0-膜那样相互湮灭。所以我们可以考虑两个 D0-膜，一个被放在另一个的上面，甚至任意多个，而不必担心会发生类似湮灭这样剧烈的过程。但 D0-膜越多，它们附近的时空扭曲得就越厉害。

时空的扭曲就是黑洞的视界。让我们把这件事再说得合理一点，考虑有一百万个 D0-膜，一个在另一个的上面，然后还有一个独立的 D0-膜在它们的附近运动。这个独立的 D0-膜既感受不到吸引的力也感受不到排斥的力。实际上，这么说是值得警惕的。如果这个 D0-膜不运动，那么它就感受不到任何净力的作用。如果它是运动的，那么它就会受到其他膜微小的拉力作用。类似的拉力可以防止这上百万个 D0-膜互相离散开来。但对一个反 D0-膜情况就会变得很不一样。它同时受到引力和静电的吸引，就像我刚刚描述的那样。当它距离这一大簇上百万个 D0-膜很近的时候，它就像湖里非常靠近排水沟的一条鱼。它将被吸进去。只要离得足够近，任何物理过程都无法让它逃出来。这实际上就是黑洞的视界概念。

我们说视界的温度是零度又是什么意思呢？这更难解释。它与独立的 D0-膜的行为有关，它感受不到任何来自那一大簇膜的净力。我们发现这个没有任何力的条件和温度为零有密切的关系。这两个性质都由超对称保证。关于超对称我将推迟到第 7 章中讨论，但这里可以先介绍两条相关陈述，这样我们可以逐渐对超对称熟悉起来。首先，超对称与引力子和光子有关。引力子控制引力相互作用。光子控制静电吸引或排斥。超对称暗含的关于引力子和光子之间的特定关系说明引力和静电力是

等价的。其次，超对称保证 D0-膜是稳定的。这意味着在弦论

中 D0-膜不会再变为更轻的物体了——除非它和一个反 D0-膜相

遇。所以一个 D0-膜，尽管是重的，但它不会像铀 -235 原子核

那样会衰变为更轻的原子核，比如一个氪和一个钡。正如我们

在第 1 章中介绍的那样。

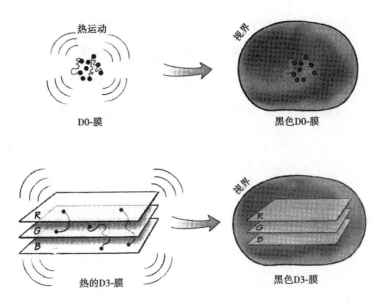

图 5.5　左上：一簇具有热能的 D0-膜。右上：D0-膜附近形成的视界可以用来描述其热学性质。左下：一层层堆积起来的三个 D3-膜。膜之间弦的行为就好像是胶子，而且能够提供热能。右下：D3-膜附近形成的视界可以用来描述其热学性质。

一大簇 D0-膜也是稳定的。它们没法衰变为其他任何东西。

当它们靠近的时候，它们仅仅能发生一些振荡而已。这种振荡就

好像是一大块煤中的原子可以发生热振荡。你也许还记得，热振荡可以根据公式 $E=k_BT$ 被表示为能量。这里 E 表示由于热振荡而导致的额外的能量。比如，你可以把这个公式用于一块无烟煤中的碳原子上，E 表示由于热振荡原子所具有的额外能量，而并非是它的静能量。一块煤的总能量应该包括它所有原子的静能量，以及它们热振荡的能量。原子在它们的平衡位置附近还会有一些量子涨落，原则上我们也应该把它们包括进煤的总能量。这和前面我们讨论过的弦的质量的三个来源很类似。这块煤的总质量可以通过公式 $E=mc^2$，即由它的总能量计算出来。

现在，所有这些对煤的讨论都可以被移植到这一大簇 D0-膜上。它们有净质量，它们也有一些量子涨落。在 D0-膜的例子下，量子涨落对总质量的贡献正好是零。（计算那些量子涨落总是令人头疼的！）D0-膜也可能会有一些热涨落。如果是的话，这一簇 D0-膜将会具有温度，而且还会有额外的质量。但不会有额外的电荷。现在，如果那个独立的 D0-膜恰好离一簇具有非零温度的 D0-膜很近，那么额外的质量会给独立的 D0-膜施加一个小的额外的引力。所以它会被吸引过来。如果你把这一堆 D0-膜冷却，把温度降到绝对零度，它将失去那额外的一点质量。它将不再对独立的 D0-膜施加任何额外的力，这样我们就把零温度和不受力的条件联系起来了。

如果这里关于 D0-膜的讨论听上去有点晕，让我们先停一停并回到对煤的讨论上来。就和对 D0-膜的讨论一样，煤的总能量里也必须包括它的热振荡。这个总能量仍然是煤静止时的能量。"静止"在这里的意思是煤就停在那里，它并没有从空气里飞出去。通过公式 $E=mc^2$，总的静止能量可以被翻译为总的质量。所以高温的煤会比它在低温的时候要重，类似的一簇 D0-膜在它温度更高的时候也会比较重。对一块煤而言，你可以代入一些经验数据并计算煤的质量因为更热到底多了多少。我会这样进行估算。一块很热的煤，它的温度是 2 000 开尔文。如果你记得，太阳表面的温度也仅仅是这个数字的三倍。我们用 $E=k_BT$ 估计煤里面每个原子的热能——这真的仅仅是估计。利用这个估值，我计算出一块炙热煤块所具有的热能是它静质量的大约 10^{-11} 倍，即一千亿分之一。这可比一个奥运短跑选手在百米冲刺的时候能够把静止质量转变为动能的比例要高得多。但比核裂变能够把静止质量转变为能量的比例要小得多。这是核能为什么如此有前景的原因：一吨用于现代反应堆的燃料级铀所发的电相当于十万吨煤发的电。

讲到这里你也许会很满意，但我们对 D0-膜的讨论在两个方面是过度简化的。首先，在 D0-膜之间还有另一种相互作用，它由一种无质量的粒子控制，这种粒子既不是光子也不是引力子。我们称为胀子，它也没有自旋。我们关于引力吸引的种种讨论都要推广以包括胀子的效应。但即便考虑到这个小的修正，最后的结论仍然不变。其次，如果 D0-膜在视界的后面，我们很难判断其是否像原子那样在振动。我们有把握的只是一大簇 D0-膜会有额外的能量，这个能量就对应额外的质量。弦论的一个大问题就是如何由振动的 D-膜给出更精确的关于黑洞的描述。我们理解得最好的例子包括 D1-膜和 D5-膜。另外一个重要的例子是 D3-膜。D0-膜更难定量地计算，但现在已经有了显著的进展。

从黑洞的角度，当我们由讨论 D0-膜到 D1-膜或 D3-膜，最主要的改变是视界的形状。包围 D3-膜的黑洞的视界很难可视化是因为 D3-膜在空间的三个维度上伸展开来。要想恰当地理解视界，你在可视化的时候至少要再增加一个维度。在上一章中，我们已经准备继续解释这个例子了，因为它真的很有意思。现在，让我们在日常经验的基础上考虑四维时空中的 D1-膜——假设，正像我们以前做过的，我们以某种方式将其他的六个维度去掉。当一个 D1-膜笔直地伸展出去，它看起来就像是根旗杆，而它的涨落就是先前我描述过的涟漪（见第 88 页）。当很多 D1-膜在一起的时候，就会有更多类型的涟漪。理解这些涟漪最好的方式就是通过弦。一个弦的一端可以一个 D1-膜为结束，它的另一端以另一个膜为结束。弦可以沿 D1-膜伸展的方向滑动。

我们通常把具有两端的弦称为开弦。这个名字和闭弦是相对的，正像闭弦这个名字所表达的，它是封闭的圆圈。增加 D1-膜的热能基本上就相当于增加开弦。开弦令人惊讶地包括了所有 D1-膜可能的微小振动。换句话说，弦基本上就相当于是 D1-膜上的涟漪。

如果有很多 D1-膜，所有这些 D1-膜和其上的开弦会使附近的时空发生扭曲，这样黑洞的视界就形成了。如此形成的视界具有圆的对称性，就和单个伸展开来的 D1-膜一样。你可以把视界设想为包围着这些 D1-膜和开弦的圆柱体。与包围着一大簇 D0-膜的球形视界相比，这个视界具有不同的形状。一些弦理论家喜欢用"黑膜"这个词来描述被视界包围着的这一大堆 D1-膜。他们用"黑洞"特指球形视界，比如包围着 D0-膜的那个视界。我喜欢比较随意的叫法：黑膜、黑洞，看怎么来得方便就怎么叫。比如，我会将包围着一群 D1-膜的圆柱形视界叫一个黑洞视界，而将这整个几何称为一个黑 D1-膜。

有趣的是，历史上人们是先认识到包围着一大簇 D-膜的黑洞（或黑膜）的几何，然后才认识到 D-膜本身的。要理解黑膜，你就需要了解超引力的方程。如果你还记得的话，超引力就是超弦理论的低能极限，这里你要忽略弦上所有的泛音振动并专注于无质量的振动模式。即便如此，超引力仍然很复杂。但它比超弦理论要简单很多。如何构造黑膜是第二次超弦革命中超引力理论可以帮助引导弦理论发展的几种方式之一。

M-理论中的膜和世界的边缘

迄今为止，我都在讨论 D-膜上的膜。这么做的原因是 D-膜是最重要，最被人们理解，同时也是最多样的膜。但这样也会遗漏掉其他的膜。部分原因是它们比 D-膜还要怪异。关于它们也许还有更多需要讨论的。其中最怪异的当属 M-理论中的膜。

M-理论，如果你还记得的话，是一种以十一维超引力为其低能极限的量子力学理论。尽管 M-理论在作者写这本书的时候已经有超过十年的历史了，我刚才所作的说明仍然是我们所知关于它最重要的特征。我不得不说这是令人失望的。M-理论仍然和 11-维超引力大有关系。具体来说，它包括两个黑膜：M2-膜和 M5-膜。它们与弦论中的黑膜类似，这些黑膜描述的是被视界包围的一群 D-膜。它们和黑 D3-膜尤其地像。

M2-膜在两个空间的方向上伸展开，M5-膜在五个方向上。和 D-膜类似，在 M-理论描述的十一维空间中，它们可以笔直地伸展出去或者它们可以自我包裹封闭起来。不幸的是，我们不太理解 M-膜是如何涨落的。我们可以跟踪单个拉长并几乎

是水平的 M2-膜的运动。它的运动就好像是我在上节描述过的
D1-膜上的涟漪。类似地，我们还可以跟踪单个 M5-膜的运动。
但当我们考虑多个 M-膜一个一个叠起来的时候，情况就会变得
复杂，很多年来人们一直不能理解它。实际上就在我写这一章
的时候，这堵无知之墙看起来开始出现裂缝了。有几篇文章开
始试着描述两个或更多个叠在一起的 M2-膜。但我们距离像在
弦论中那样能够详细理解的层次还很遥远。对弦而言，不管这
个弦在空间中是直的还是弯曲的，我们既能用经典力学也能用
量子力学来描述它的运动。为了理解 M2-膜，我们还有几个概
念上的困难需要克服。至于 M5-膜则还要神秘得多。

在 M-理论中还有一类膜很神奇。这种膜是时空的边缘。它
是空间自身结束的地方。通常在弦论中，空间是无法终止的，
没有 D-膜弦就不可能终止。使空间终止的膜是 M-理论中比较
疯狂的想法，但它实际上已经被很好地接受了。可以证明在时
空的边缘有光子，很像 D-膜上的光子。但时空边缘的光子和一
个特别有意思的理论有关，这个理论称为超对称的 E_8 规范理论。
20 世纪 80 年代的中期出现了很多工作，当时正值第一次超弦革
命之后，这些工作试图利用这个理论重新发现关于电磁学和核
力的理论。结果表明所有这类工作都有一个 M-理论的解释，其
基础就是以一个空间截止膜（space-ending brane）为终结的时空。

空间截止膜是使 M-理论超越 11-维超引力的关键途径之一。这个进展需要使用一些量子力学。另一个这样的进展是计算 M2-膜和 M5-膜的质量。实际上，当我们把一个 M2-膜笔直地伸展开并水平地穿越整个无限区域的时候，它的质量将是无穷大的。同样的结论对 M5-膜也成立。根据量子力学，我们还可以知道单位面积 M2-膜的质量是一个确定的数。这实际上为我们提供了比弦论更多的信息：我们知道在弦论中每单位长度弦的质量是任意的。

除了 D-膜和各种条纹状的 M-膜，在超弦理论中还有一种膜。实际上，它是可以理解的第一种膜。它是 5-膜，类似于 M5-膜，但它是在十维中的，而非十一维。有时候它也被称为孤子 5-膜，由于缺少更具描述性的名字，我将继续用这个名字叫它。在物理学中孤子是个常见的概念，通常它们是重的、稳定的对象。经典的例子是一个沿水槽，比如运河传播的波，这个波是不耗散的即它永远不会破掉。"孤子"使我们想起"孤独"这个词。它试图告诉我们孤子具有它自己的同一性。今天我们知道 D-膜也具有它们自己的同一性，所有膜都可以被粗略地定义为弦论中的孤子。但这里我将仅使用"孤子"来描述我刚刚提到过的5-膜。

孤子 5-膜因为以下两个理由值得一提。首先，当我们开始讨论弦对偶的时候，知道孤子 5-膜将会是有帮助的，因为对偶对称将它与其他膜联系起来。其次，我们对孤子 5-膜的理解提供了一个关于时空思想的例子，在这个例子下，时空本身是没有意义的，它的存在仅仅是在描述弦的运动。在第 4 章中我曾用时空中的弦与赛道上的赛车类比来说明这个思想。根据赛车运动的数据我认为我们得到的关于赛道的第一个显著特征是它是一个封闭的圆环。嗯，关于孤子 5-膜的中心想法和这个类似。你首先假设超弦在球的表面上运动。实际上，因为技术细节的原因，你用的这个球面会比靠近地球表面的球面多一维。这个更高维度的球称为 3-球面。我想说的是它就像我类比里的赛道：封闭、有限，而且有确定的尺寸。现在，如果你记得的话，超弦对它们所处的几何很挑剔。它们要求十维空间，而且它们还要求广义相对论的方程必须得到满足。从 3-球面出发，你还需要加上时间和六个空间的维度。你最终搞定的这个形状是很独特的。它看起来是这样的，距离孤子 5-膜很远地方的时空是平坦的而且是十维的。当你往近处移的时候，你将会发现时空中有一个具有确定大小的深洞：就是你出发时 3-球面的大小。这个"深洞"与黑洞有关，就和弦论中的每个其他的膜一样。但实际上你可以深入到孤子 5-膜中去，想多深就多深，而并不需要穿过一个视界。这意味着不论你有多深入一个孤子 5-膜，你都可以转身并出来。洞深处的物理最终会变得很奇特：弦之间的相互作用会变强，在某些情况下额外的维度会打开，将我们带回十一维。

我希望本章会给你留下两个整体的印象。首先，弦并非故事的全部——远远不是。其次，整个故事是复杂的而且有很多细节。至少，它看起来是复杂的而且有很多细节。通常情况下，当事情变得如此复杂和具体的时候，一种更深层次的理解最终将会简化整个故事。化学就是这样的一个好例子，在化学里大约有 100 种不同的化学元素。使它们统一起来的理解来自这样的认识即它们都是由质子、中子和电子组成的。在通常的对高能粒子物理学的理解中，我们发现也有类似的情况，这次是大量的基本粒子。有光子、引力子、电子、夸克（六种！）、胶子、中微子和其他一些粒子。弦论试图提供一种统一的图像，这里每种粒子都是弦上不同振动的模式。在某个层次下超弦理论也会有它自身的繁复，出现很多不同的对象，这让人失望。从乐观的方面说，这种繁复形成了一个非常紧密编织起来的网络，这里每一种膜都可以和每一个其他膜也和弦建立联系。这些联系将是下一章讨论的主题。

我们很难不去设想是否有比膜更简单更基础的东西——比如某种"亚膜"它可以构成所有的膜。从弦论的数学里我还看不到存在"亚膜"的任何线索，但确实存在很多线索说明我们关于这种数学的理解是不完备的。第三次超弦革命，如果确实有的话，将会有很多问题有待解决。

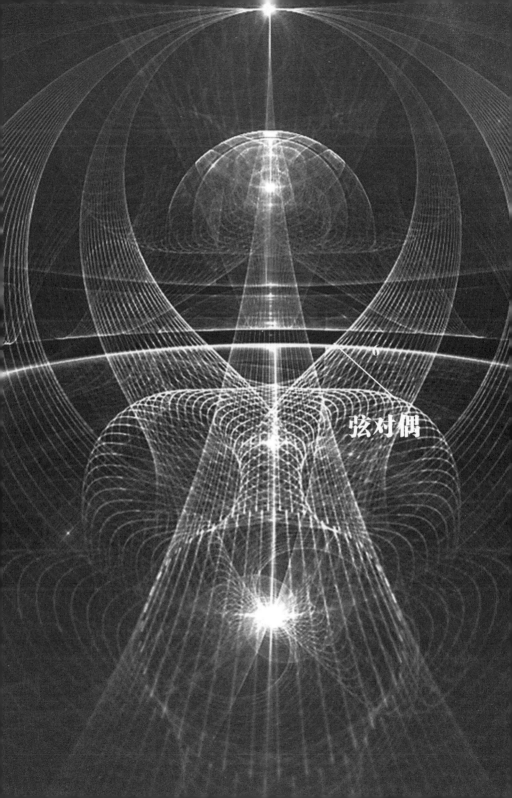

弦对偶

对偶指的是表面上两个不一样的事情其实是相等的。在引言中我已经讨论过一个例子：一个国际象棋的棋盘。你可以将它想象为是红色背景上的黑方块，或黑色背景上的红方块。它们是对相同事情的"对偶"描述。这里还有一个例子：跳华尔兹。可能你在老电影中见过，甚至你还跳过。男人和女人面对面，靠得很近。跳舞的时候你的手臂必须以特定的方式拥着你的舞伴，但暂时先不操心这个。这里最重要的是步法。当男人向前伸出他左脚的时候，女人相应地要收回她的右脚。当男人伸出右脚的时候，女人收回左脚。当男人转身的时候，女人也要跟着转并保持脸对着他。如果忽略掉像自转这种花哨动作，你可以根据男人的动作完全推断出女人的动作——反之亦然。老笑话说除了后退和穿高跟鞋，金姬·罗杰斯（Ginger Rogers）做的和弗雷德·阿斯泰尔（Fred Astaire）[1]完全一样。这就有点像弦对偶。一种描述下的每一个对象都可以在另一种描述下被完全相同地把握。

当我们看弗雷德和金姬在老电影里跳舞的时候，舞蹈的魅力部分来自于他们是如何互为镜像的。类似地，在弦论中，当你理解了一个对偶，你将比只知道对偶中的一方面获得一个可

---

① 金姬·罗杰斯和弗雷德·阿斯泰尔是 20 世纪三四十年代好莱坞著名歌舞片演员，两人的舞蹈高雅、优美，深受当时观众的赞誉。——译者注

以提供更多洞见和信息的图景。只看到对偶中的一面就相当于我们在电影里只看弗雷德或只看金姬。也许同样迷人，但并不完整。

这里是弦对偶的一个真实的例子。我们已经讨论过弦，讨论过 D1-膜。它们都在一维空间中伸展开。正如上一章讨论过的，我最希望聚焦于 10-维超弦理论，而非 26 维弦论，因为那会有快子不稳定问题。一个著名的弦对偶，S-对偶，可以用 D1-膜替换超弦。这很有趣，但仅仅是对偶的一个方面——就如刚才我讨论华尔兹所说的，当男人伸出他的左脚时女人收回她的右脚。为了给出更完整的描述，我必须告诉你超弦理论中 S-对偶是如何作用于每一个膜的。在此之前，我必须介绍另一个难题。超弦理论不止一种。它们可以按其中允许存在的膜的种类来分类。我希望讨论的超弦理论称为 ⅡB 类型。这个名字没什么具体的含义。它来自我们理解的这个特定弦论所具有的很多独特的动力学行为。但我仍将这么叫它。ⅡB 类型弦论里有 D1-膜、D3-膜、D5-膜、孤子 5-膜和一些其他更复杂更难解释的膜。它里面没有 D0-膜或 D2-膜，或任何其他偶数膜。这是一个弦论，而非 M-理论，所以也没有 M2-膜或 M5-膜。

回到 S-对偶。我是这样介绍它的，弦可以用 D1-膜替换。结果是 D5-膜可以用孤子 5-膜替换，D3-膜在对偶下不变。这意味着当你考虑 S-对偶的时候，如果在一边你以弦开始，那么在另一边你将以 D1-膜结束；但如果你在一边以 D3-膜开始，那么在另一边你将也以 D3-膜结束。这里还有更多细节，但现在我们已经能从我已经讨论过的一些陈述中学到新东西。一个弦可以在一个 D5-膜上结束。（这是因为一个 D5-膜，就像任何 D-膜，可以被定义为弦能够结束的地方。）S-对偶将如何影响这一陈述呢？ S-对偶告诉我们"D5-膜"可以被"孤子 5-膜"替换，而"弦"可以被"D1-膜"替换。所以新的陈述将是 D1-膜可以终止于一个孤子 5-膜上。这个新的陈述可以独立地被予以检验，它是对的。弦对偶大致是这样被建立起来的：特定的翻译原则被提出，然后新的结论被推出和检验。

一般而言，一个弦对偶是指两个看起来不同的弦理论之间，或弦理论的构造之间的对偶关系。我们已经知道一整套弦对偶构成的网络。这个网络连接得如此紧密以至于你可以由任何一个膜出发，经过几个对偶和"变形"，最后以任何一个膜结束。我将边往下讲边解释这里变形是什么意思。在我们开始之前，有必要先回到第 5 章接近结束的地方，那里我们讨论过统一的图景。在弦论中有那么多不同的膜！人们期待会最终发现一个统一的图景，这里所有的膜都是相同基础结构的不同表现形式。对偶与此不同。它们用一种类型的膜去替换另一种。有时它们用膜去替换弦。在我们现在理解的水平上，看来所有类型的弦和膜在某些层次上都是平等的。大致来说，这比化学家在原子理论出现前对周期表上不同元素要懂得多。但比物理学家在原子理论创建完成后对化学元素懂得少。

弦对偶的研究是我刚读研究生的时候开始出现的。我记得当时我是带着些许怀疑看待它们的。这真的是我要研究的吗？它当然是个美妙的对象，但它似乎也与把弦论发展为一个无所不包的理论这个目标无关。现在我对这个问题的态度是它是我们理解弦论道路上不可避免的进步。一些最有希望的将弦论和实验联系起来的方案就是以对偶为基础的。

我们有多种对弦对偶的理解。S-对偶实际上是一种更神秘的对偶。当弦或 D1-膜笔直地伸展出来，并且（几乎）不运动的时候，把弦映射为 D1-膜的规则已经很好地被人们理解并检查过了。但当弦或 D1-膜在翻滚并任意相互碰撞的时候，S-对偶的规则还没有很好地被理解。这里的困难与弦相互作用的强度有关。我曾经说一个弦分裂为两个弦和一根管子分叉为两个较小的管子有点像。管子的面就好比是弦世界面，它是弦随着时间运动在时空中划出的表面。弦的汇聚就好像两个管子合并成一个更大的管子。弦相互作用强度是对那些分裂和汇聚有多频繁的定量化表示。当弦相互作用弱的时候，一个弦可以走很远才分裂或与其他弦发生相互作用。当弦相互作用强的时候，会有很多分裂和汇聚以至于你很难跟踪某一个弦：甚至你还没有辨认出它的时候它就已经分裂，或者和另一个弦汇聚在一起了。当弦相互作用强的时候，D1-膜相互作用就会弱，反之亦然。这样 S-对偶就可以用一个弱相互作用行为来替换一个强相互作用行为。

如果你不能掌握这些，那让我们回到跳舞类比。弦论中的弱相互作用行为是干净、简单，而且优雅的。它就像弗雷德·阿斯泰尔的舞步。强相互作用行为是混沌而且杂乱的。弦飞得到处都是，它们甚至很难再被称之为弦，因为它们在飞快地分裂和汇聚。我唯一能想到的类比就是一个黏糊糊的外星人。所以 S-对偶就像是弗雷德·阿斯泰尔和一个黏糊糊的外星人跳舞——对不起了，弗雷德。但这个外星人实际上是一个和弗雷德同样好的舞者，当然他有他的方式。我们只是无法轻易欣赏他的动作。如果我们自己是外星人的话，相反的说法也成立。我们会认为外星人的舞步是干净、简单，而且优雅的，并且由于我们已经转换了视角，倒是弗雷德看起来像是一个黏糊糊的外星人。在这个类比中我要强调的是弦对偶常常把我们熟悉的一些东西（比如弱相互作用弦论）和我们不熟悉的一些东西（比如强相互作用行为）联系起来。

你可能还记得当我们在上一章中讨论强相互作用弦论的时候，最后会有一个新的维度打开。我认为一个十一维的弦论，而不是一个十维的弦论将会如此行为。这和我在上面几个段落中解释的颇为不同。实际上，在我的脑子里有一个不同的弦论。这个当弦相互作用变强的时候会增加一个额外维度的弦论称为ⅡA型弦论。它里面有D0-膜、D2-膜、D4-膜、D6-膜、孤子5-膜和一些其他更难解释的对象。当弦耦合强的时候，十一维空间可以很好地描述它。但对强耦合下的ⅡB型弦论，我们将弦替换为D1-膜就能很好地描述它，而与额外维度没什么奇怪的关系。

我曾经强调关于弦对偶我们还有很多不理解的。所以有必要以如下两点结束本节的讨论，我们知道这两点对每一个弦对偶都可靠地成立。首先是低能理论。对我们知道的每一个弦论，引力永远是故事的一部分。广义相对论对引力的描述是非常特别而且牢固的。它只有几个推广，就是我在前面章节中提到过的超引力理论。超引力理论能把握住超弦动力学的低能部分是因为它们只考虑超弦中最低的能量振动模式。我们对引力和超引力的理解是如此完整，以至于它们作为一个整体，成为我们理解弦对偶的主要试金石之一。第二块试金石是长的、笔直的弦和长的、笔直的膜。这些就是在超引力中被描述为零温黑洞的对象。它们还有特殊的非力的属性，比如我在讨论 D0-膜时描述过的。一个低配版本的弦对偶意味着能够描述对低能理论发生了什么，以及对这些长的、笔直的膜会发生什么。

一个维度在这里，一个维度在那里，谁在数？

在本节，我要讨论那个最为人熟知的弦对偶。它被称为 T-对偶。这些名字——S-对偶和 T-对偶——与 II A 型 II B 型一样是任意的。弦理论家在命名时碰到了特殊的困难：我们在知识的前沿工作，我们不得不为事物命名。所以我们边研究边给它们命名。往往，这些名字是随意挑选的，或者它们指的是某个主题里非常早期的工作。但名字常常会被保留下来，甚至当它与早期工作的关联已经逐渐消退的时候也是如此。所以我们就有了这么一堆稀奇古怪的名字。我猜在科学的其他领域应该也有类似的困难，但程度可能会不同。

无论如何，T-对偶是把 II A 型和 II B 型弦论联系在一起的弦对偶。它已经很好地被理解，因为这整个故事只有在弦相互作用弱的时候才会有意义。这意味着弦将运动很长的距离，或持续很长时间才会分裂或汇聚。

这里如何把 II A 型和 II B 型弦论联系在一起显然会有个大问

题。ⅡA型弦论有偶数个D-膜：D0，D2，D4，D6。ⅡB型弦论有奇数个D-膜：D1，D3，D5。你怎么可能把一个D0-膜映射到一个D1-膜上呢？特别是当D1-膜是又长又直的时候，那就更不可能了。嗯，技巧是这样的。你把ⅡA型弦论十个维度里的某一个在一个圆圈上卷起来。如果那个圆远远小于你能够观察到的长度量级，那么看起来这个弦论就只有九维了。你可以这样卷起更多的维度直到只剩下四个。但让我们先别这么做。这里我们要努力解释的是弦理论之间的关系，而非（至少现在还不是）它们和世界之间的可能关系。所以先让我们继续讨论只有一个被卷曲起来的维度。在我们新的九维世界中，可以确认的是你无法说出ⅡA型弦论和ⅡB型弦论的区别。比如，考虑一个ⅡA型弦论里的D0-膜。如果你把一个D1-膜沿着圆圈卷曲起来，对一个视力不足以看清卷曲起来维度尺寸的观察者而言，它看上去就会像是个D0-膜。我的意思是说对这样的一个观察者，这个被卷曲的D1-膜看上去是没有任何空间大小的。它看起来就像是一个点粒子：一个0-膜。但，等等！有没有可能D1-膜不是被卷曲的，而是沿着这九个维度之一伸展出去以至于我们假想的这个远视的观察者能够清楚地看到它？嗯，是的，这是可能的。换句话说，把一个D2-膜沿着那个圆形的维度卷起来也是可能的。那么卷曲后的形状就像是一根长长的水管。水管的截面是圆形的：就是我们把 D2-膜卷起来的那个圆形的维度。就像一根水管可以像蛇一样随意地爬过你家的草坪，一个卷起来的 D2-膜也可以随意地穿过九个维度。对我们正在讨论的九维空间的观察者来说，它看起来就像是一个 D1-膜。这是因为这个观察者不可能靠得很近以至于看清楚这个 D2-膜是围着那个额外的维度卷曲起来的。顺着这个思路我们还可以继续设想：将 D3-膜卷起来就像是 D2-膜，将 D4-膜卷起来就像是 D3-膜，等等。

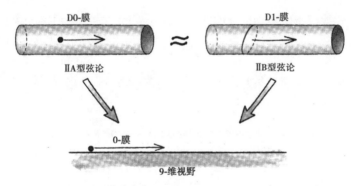

图 6.1 ⅡA 型和ⅡB 型弦论的 T-对偶。它们都和九维理论有关。一个九维中的 0-膜可以起源于ⅡA 型理论中的 D0-膜，或等价地起源于ⅡB 型理论中的一个围绕圆形卷曲的 D1-膜。

迄今为止的讨论可能会给你留下这样一种印象，即 T-对偶仅仅是一个近似的真相。仅当一个九维的观察者不被允许靠近仔细看以辨别出被卷曲起来的第十个维度，ⅡA 型弦论和ⅡB 型弦论对这个观察者而言看起来才是一样的。实际上，T-对偶是个严格的对偶。如果你用恰当的数学语言看它的话，它几乎和棋盘上红、黑方块的对偶一样简单。尽管我们并不真的拥有那个数学语言，我可以告诉你要点：一个围着圆形维度卷曲起来的ⅡA型弦和一个没有卷曲的ⅡB型弦是一样的，但它要围着圆运动。相反，一个围着圆运动的ⅡA型弦和一个围着圆卷曲起来的ⅡB型弦是一样的。

这里的困难在于ⅡA型弦可以卷曲或围着运动的尺寸和ⅡB型弦能够围着运动或卷曲的尺寸是不同的。为了明白这一点，我们只需要用到量子力学里的一点知识。当一个电子在原子里面运动的时候，它有确定的、量子化的能量，但它的位置和动量是不确定的。一个围绕圆作量子力学运动的弦和这个是类似的：它也有确定的、量子化的能量，但位置不确定。结果为弦的动量是量子化的，就像是能量。这很有趣，因为它意味着不确定原理对圆形维度上的运动有着不一般的形式。而且，不确定原理的数学形式告诉我们当圆很小的时候，运动弦的动量会很大。作为一个结果，它的能量也会很大。相反，如果圆很大，那么运动弦的能量会很小。现在让我们把这种情况和围着圆卷曲起来的弦的能量进行比较。卷曲起来弦的质量和它的长度成正比：这意味着，如果你使弦的长度加倍，质量也会加倍。这是弦论中的弦和普通弦相像的一个方面：每单位长度具有固定的质量。由此可知一个弦围绕一个大圆卷曲一次一定会很重，而一个弦围绕一个小圆卷曲一次就会比较轻。现在是关键部分。如果你用一个ⅡB型的围绕圆卷曲的弦替换一个ⅡA型的在圆上运动的弦，你就必须使这里的能量匹配。如果ⅡA型弦论中围绕运动的圆是小的，那么能量就是大的，这意味着ⅡB型弦论中弦卷曲的圆必须大。类似的，如果ⅡA圆是大的，那么ⅡB圆就必须是小的。如果你把ⅡA圆压缩得越来越小，那么ⅡB圆就会变大，大到甚至你都无法再称其为圆。我们把这种情况描述为ⅡB圆打开了一个几乎是平的空间维度。这可能会使你有点想起ⅡA型弦论和M-理论之间的对偶。在那个对偶中，当弦相互作用非常强的时候，一个第十一维的维度会打开。

我曾承诺要解释"变形"这个词，在上节中我把这个词和弦对偶相联系。改变圆的尺寸就是变形的一个例子。改变弦相互作用的强度是另一个。一般而言，当我说变形的时候我指的是任何平缓发生的改变。一个弦对偶不是一个变形。弦对偶说的是两个理论之间的关系，它们中的每一个都可以变形。或者你可以认为弦对偶就是视角的改变：你用两种不同的方式来描述相同的物理状态。有时一种方式会比另一种方式要简单很多：比如，ⅡB型弦论在相互作用弱的时候会比相互作用强的时候要简单得多，而且 S-对偶就可以交换弱的和强的相互作用。这个简单和复杂的关系就是我用弗雷德·阿斯泰尔和黏糊糊的外星人比喻所要捕捉的。这个比喻不容易捕捉的是你可以平缓地改变弦相互作用的强度，从弱变强或从强变弱。这就好像我们可以缓慢地把弗雷德·阿斯泰尔变形为外星人，而与此同时外星人会缓慢地变为弗雷德。第二次超弦革命的核心洞见之一就是通过使一个理论以不同的方式变形，并经历不同的已知的对偶，我们就可以由任何一个弦理论得到任何其他的弦理论。我已经介绍了三个给你：T-对偶，可以联系 II A 型弦论和 II B 型弦论；S-对偶，可以联系两个 II B 型弦论；以及可以把 II A 型弦论与 M-理论联系起来的对偶。实际上还有三种超弦理论，以及联系它们的对偶，但在这里我就先不讨论它们了。

首先，我觉得很难跟踪所有的这些不同的膜和对偶。但我希望有一点是清楚的：弦论中的空间维度是可以改变的。它们来，它们去，它们萎缩也生长。我不清楚弦论与世界最终的关系中是否本质地牵涉额外维度。如果当维度很小的时候时空仅仅是个近似的概念，对世界的正确描述可能会和四个大的维度有关——它们是我们知道的而且喜欢的——然后也和一些更抽象的代表着额外维度的数学性质有关。其实在第一次超弦革命的时候就有这样的构思，但现在它们已经不是很流行了。

引力和规范理论

一个特殊的弦对偶已经独自成为了一个领域：规范/弦对偶。这里不普通的是它没有把ⅡB型弦论和另一个弦论联系起来，而是和一个规范理论联系起来。我曾在第5章中花了些篇幅讨论规范对称。让我小结一下它的要点。规范对称保证了光子是没有质量的。它保证了光子自旋的轴只能和光子运动的方向平行。而且它还使得我们可以把电荷看作是一个在抽象空间里的旋转，这个空间和规范对称有关。一个规范理论就是任何数学描述中包含规范对称的理论。通常这意味着这个理论会包括光子，或类似光子的东西。光的理论（也是电磁场的理论）就是一个简单的规范理论。更复杂的规范理论不仅对弦理论家有吸引力，它也对粒子物理学家、核物理学家和凝聚态物理学家有吸引力。

你可能还记得光子和电子的规范对称都神秘地相同，它们都是圆对称的。一个带电的物体，比如一个电子，它有效地围着这个圆转动。我们不必把这个圆纯字面地想象为好像是M-理论中的第十一维。它仅仅是数学上的存在，能够告诉我们电荷及它们与光子的相互作用。这个数学的一个特点是光子本身不带电荷：它们仅仅对电荷作出响应。

我们自然会问：是否圆对称和光子有关呢？是否有一个规范理论和球对称有关呢？事实上确实有这样一个理论。它有三类不同的光子，分别对应三种旋转球的方式。（在航空中，这三种旋转的方式分别称为俯仰、翻滚和偏航）它们和普通光子的真正区别在于它们是带电的。你可能还记得我们曾经仔细讨论过包围着一个电子或一个引力子的虚粒子云。我将再次回顾一下其中的要点。引力和电磁相互作用是截然不同的，引力子因可以相互激发而快速增生，但光子必须先分裂为电子，然后才能激发更多的光子，等等。后者是我们目前能够比较容易处理的。你可以计算整个虚粒子级联增生的过程。光子和电子因此构成了所谓的可以重整化的理论。这个理论称为量子电动力学，或简写为 QED。而引力在另一方面，是不可以重整化的。这意味着我们没有任何已知的数学方法去计算虚引力子的级联增生。现在，对和球对称相关联的规范理论又如何呢？结果表明它更像量子电动力学而非引力。它是可以重整化的。

理解质子内部物理规律的基石是一个叫量子色动力学，或简写为 QCD 的规范理论。它基于一个具有八个不同种类旋转的对称群基础上。和以前一样，这些旋转不发生在我们通常的四维空间里：它们发生在一些更抽象的叫作"色空间"的数学空间里。量子色动力学很像基于球对称的规范理论。它只是更复杂了，因为这里面有八种旋转而对球来说只有俯仰、翻滚和偏航三种。这八种转动里的每一个都对应一个粒子，就好像是光子一样。整体而言，我们把这八个粒子称为胶子。这里还有类似电子的粒子，称为夸克。但电子只能带负电，而夸克可以具有三种不同荷中的一种。我们称这种荷为颜色，色空间是描述它的数学工具，这只是一种叫法，实际上和我们用眼睛看到的颜色没有任何关系。就和光子可以对电子的荷作出响应一样，胶子也可以对夸克的荷作出响应。但胶子也是有颜色的。它们像引力子一样互相响应。和引力子激发出的无法控制的虚引力子级联增生不同，夸克激发出的虚粒子级联增生在数学上是我们可以计算的。所以量子色动力学和量子电动力学类似，它是可以重整化的。名字这么取的部分原因也是量子色动力学和量子电动力学非常像，而且"chromodynamics"就是"色动力学"的意思。再次强调，这里颜色的概念和你用眼睛看到的颜色是完全无关的。我们说颜色只是为了使抽象的数学概念变得直观。

　　夸克，胶子，以及并非是颜色的颜色使量子色动力学听起来和弦论一样奇异。但和弦论不同，它已经很好地被实验验证过了。它被广泛接受为质子内部的正确的物理描述。它具有很多奇特的性质，其中最著名的就是你无法直接观测到一个夸克。这是因为在它的周围有胶子和其他夸克包裹着它，它们包裹得如此紧密以至于除了夸克和胶子的束缚态你就不可能看到任何其他东西了。质子就是这样的束缚态。中子也是。但电子不是，它们看起来和夸克毫无关系。更恰当地说，它们是和夸克具有同等地位的东西：不同但地位一样。现代粒子物理学中最大的未被证实的想法之一就是电荷可能是神秘的第四类颜色。我将在第 7 章中讨论与之相关的一些想法。

D3-膜的涨落可以用一个类似量子色动力学的规范理论来描述。我已经讨论过 D1-膜的涨落。

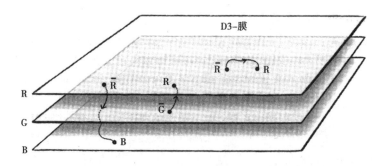

图 6.2　三个互相离得很近的 D3-膜分别被标记为"红"（R）"绿"（G）和"蓝"（B）[①]。从一个膜跑到另一个膜上的弦可以用来描述膜的涨落。

[①]　比如，从红到蓝被标记为 R → B̄，从绿到红被标记为 G → R̄。——译者注

　　我用两种图像描述它们：或者你可以设想为涟漪即沿 D1-膜传播的波，或者你可以设想为弦附着在 D1-膜上并沿着它滑行。后一种描述可以更好地被推广到 D3-膜上。假设我们把三个 D3-膜一个叠一个放在一起。为了示意和区分，我们把它们标记为一个红的，一个蓝的和一个绿的。假设一个弦从红的膜跑到蓝的膜上，那么直观地说，它就是有颜色的。它是紫色的，对不对？哦——这样我们就把颜色的比喻太当真了。恰当地描述弦的颜色的方式其实很简单，我们说它是从红色跑到蓝色的，而且实际上这就是胶子所具有的颜色。你甚至现在几乎已经知道为什么这里会有八种胶子了。我们有红色到红色，红色到蓝色，红色到绿色；然后三种是由蓝色出发的；最后是三种由绿色出发的。总共是九种。嗯，怎么多了一种！不幸的是，要想解释为什么会多一种我就必须引入多到不可想象的数学才行。

　　除了会多出一个额外的胶子，我们已经看到胶子是如何用三个叠放在一起 D3-膜上的弦解释的了。夸克的解释要更复杂些。为了突出要点，我将这部分先跳过去。很清楚，把三个 D3-膜叠在一起仅仅是选择之一。我可以只考虑一个。那么我就只有光子了，就像在电磁相互作用中。我可以考虑两个，那么就会得到我先前提到过的理论，那里规范群具有球的对称性。或者我还可以考虑更大的数 N，在这种情形下会有很多很多的胶子：

大约是 N^2 个。

下一步我们要记得当很多膜在一起的时候，对它们最好的描述是零温时的黑洞。在第 5 章中我曾以 D0-膜为例解释过这一点。D3-膜的情况和这个是类似的。当有很多 D3-膜堆叠在一起时，它们会把邻近的时空扭曲看起来就像是一个黑洞的视界。很难把包围着 D3-膜的视界形象化，因为它有太多的维度了。视界的形状就像是一个圆柱。在一些维度上它是圆的而在另一些维度上它是直的。但严格的圆柱在一个方向上是圆的而在另一个方向上则是直的。除了这两个维度它没有其他维度。包围着 D3-膜的视界在五个方向上是圆的，在三个方向上是延伸的。所以它总共有八个维度。而且它和量子色动力学相距甚远，或看起来是这样。如果在 D3-膜上有额外的振动能量，那么视界就会变大一点而且会有有限的温度。

规范／弦对偶的一个重要部分是使得利用像 $E=k_B T$ 这样的公式来计算 D3-膜上的振动成为可能，这样就获得了对包围着 D3-膜视界的温度的理解。让我试着解释一下为什么这现在被认为是一个弦对偶。有两种描述有限温度下 D3-膜的方法。一种是考虑所有环绕着 D3-膜滑动的开弦。另一种是考虑包围着 D3-膜的视界。这两种观点在以下情形是互补的。如果存在一个视界，那么你就不能确定地说在视界的里面有什么。换句话说，视界的存在会阻止你记录 D3-膜上的弦。至少，你就不能一个一个地跟踪它们了。能够记录的是一些总量，比如它们的总能量。结果就是只要有一个视界，胶子的相互作用就会很强。它们会频繁地分裂和汇聚。它们闪烁着不断产生和湮灭。在它们的周围包裹着复杂的级联增生着的其他胶子。在强相互作用弦论中，它们很难被看作是胶子。视界的出现有点像 M-理论中增生的额外维度。它以一种需要额外维度的语言解释了胶子的强耦合动力学。

除了可以记录热胶子的能量，规范 / 弦对偶还有很多其他内容。理解它的正确方法是这样的，D3-膜附近弯曲的黑洞几何与 D3-膜上的胶子规范理论精确等价。这是一个奇怪的声明，因为这里弯曲的几何是十维的，而胶子存在于四维空间中。说它奇怪还因为它把一个与引力有关的理论（邻近 D3-膜的弦论）和一个没有引力的理论（D3-膜上的规范理论）联系了起来。初看它比其他弦对偶更清晰、更专业。比如 T-对偶把整套 II B 型弦论和 II A 型弦论联系起来。它包含了把每一种 D-膜映射为每一种其他 D-膜的法则。规范 / 弦对偶看起来只和一种膜动力学有关：D3-膜的动力学。但在实际上，其他膜也会以有趣的方式进入规范 / 弦对偶，比如将像解释胶子一样解释夸克。我将在第 8 章中继续介绍规范 / 弦对偶，那里我还将描述把它和重离子对撞物理学联系起来的一些尝试。

在本章即将结束的时候，我必须指出弦对偶和对称是不同的，尽管它们都在表达相同这个概念。以弦对偶联系起来的两个理论可以有不同的维度。就像我们刚刚看到的，一个可以包括引力而另一个不包括。这就和一个对称的物体比如一个正方形很不同。它所有的角都是相同的，一个正方形的对称性精确地解释了一个正方形是如何自我相似的。另一方面，一些弦对偶所联系起的两方面看起来更接近于镜像关系。比如，除膜的种类不同外，ⅡA型和ⅡB型弦论确实很相似。低能超引力中出现弦对偶的方式和普通对称性比如一个正方形的对称性紧密相关。我们对弦对偶的理解有可能是不完备的，关于它们更统一的观点会使这种与普通对称性的类比更精确。有迹象存在这种统一的观点，但我们的理解有太多都受限于低能理论。

超对称和大型强子对撞机

2008 年夏天，当欧洲大型强子对撞机即将完工的时候，我到现场进行访问并参观了主要的实验装置之一。我去那里主要是参加一个会议的，但参观过程非常有趣。我参观的实验装置叫紧凑型 μ 介子螺线管，它大约有三层楼高。我参观的时候正处在把实验装置组装在一起的最后阶段。一个巨大的锥形封头正要被放进主要的桶形探测器的躯体里。它的设计有点像数码相机，但它的每一部分都是往内看的，朝向它的中心，高能质子束在那里发生碰撞。

会议结束后，我利用这个机会去法国的阿尔卑斯山登山。难度不大——只是一次小的登山活动。最后我沿着一个山脊爬上了南针峰，从那里我和我的登山伙伴坐架空索道回到了山下的小镇。我们爬的那个山脊是出了名的狭窄，人多，而且是被雪覆盖的。因为某种原因，大家爬的时候都系上绳子串联起来。对这种系在一起爬但没有一个人被拴在坚固锚定物上的登山法我一向都不是很认同。如果一个人跌倒了，很难避免其他人也会跟着被拖走。通常我认为最好还是相信你自己，不要大家都拴在一起，否则我们就要把绳子结实地拴在锚定物上。但我承认我在爬这个山脊的时候和其他每个人一样，我也把自己拴在登山伙伴的身上了。我的伙伴是个很可靠的登山者，而且这个山脊真的不难。

回想起来，我认为那些被拴在一起在狭窄山脊上爬山的登山者们提供了一个很好的希格斯玻色子的类比，希格斯玻色子是 LHC 实验希望发现的东西之一。我们这样来想。假设你站在山脊的顶部，努力维持这不稳的平衡。你的两边都很陡峭，所以不论你沿哪个方向跌倒，你都会掉下去。这就好像是弦论中的快子：它们处在不稳定的平衡，最微小的扰动都会使它们沿着一个斜面滑落，而这一过程是弦理论家们才刚刚开始理解的。还不止这些。假设有八个人被拴在一起，第一个人向左跌倒。第二个人可能也会被拖着向左跌倒。第三个人不大可能承受得了两个登山跌倒者的重量，所以他也会向左跌倒。此时真正正确的事情也许是向山脊相反的一侧跳下去并相信绳子的质量。但因为某种原因这真的很难做到。

回到快子和希格斯玻色子：我想指出的一点是快子通常意味着这样一种不稳定性，即空间上的每一点都是不稳定的，这些不稳定是"拴在一起的"，就好像那些登山者一样。如果一个快子在某点开始沿一个方向滚动，它就会拖动邻近的快子一起滚动。

希格斯玻色子描述快子"凝聚"后发生什么。（快子凝聚是个技术术语，它说的就是从山脊滚落）让我们仁慈地设想一下那些不幸的登山者们在滚落山脊后会发生什么：他们会滑落到山谷的底部并逐渐停下来。让我们设想他们是如此的困顿以至于他们爬不上来了。他们将在山谷底部附近徘徊，偶尔会沿着斜坡爬上来一些然后就又滑落下去了。粗略地说希格斯玻色子跟这个很像。一旦快子在时空中的每个地方都发生了凝聚，围绕它们平衡位置的量子涨落就是希格斯玻色子。

我们用拴在一起的登山者来类比希格斯玻色子并不精确，其中一个问题就是希格斯玻色子运动的方向并不在我们熟悉的空间的三个方向上。相反，它像是时空中的额外维度——但在数学上是可以描述的。此外，认识到希格斯玻色子是假设的也很关键。它也可能不存在。

除希格斯玻色子是假设的外，还有一个优美、深刻的理论，它作为粒子物理学唯象描述的基础统治了这个领域几十年。这就是标准模型。"标准"告诉我们它已经被广泛地接受。"模型"则提醒我们它仍然是临时的，而且几乎可以肯定是不完备的。在标准模型中可不仅仅是快子的凝聚。它还有其他内容，比如是希格斯玻色子控制着像电子和夸克这样亚原子粒子的质量。

人们曾经希望芝加哥附近的万亿电子伏特加速器 Tevatron①能发现希格斯玻色子。可能确实也有一点希望。但大型强子对撞机将或者发现希格斯玻色子，或者发现处于它地位的一些其他古怪的东西。还有一个更早的位于得克萨斯的实验设施，超导超级对撞机，它曾拥有作出伟大新发现的机会。超导超级对撞机于 1991 年开始建造。然后，在 1993 年，国会取消了这个项目。为此他们可能节省了美国纳税人一百亿美元。我认为这是一个糟糕的决定。它当然意味着在可以预期的未来美国失去了对欧洲在实验粒子物理学领域的优势。幸运的是，欧洲国家继续建造大型强子对撞机。而美国也对大型强子对撞机作出了重要贡献。所以我们仍然有机会去尝试伟大、重要的发现。

---

① Tevatron 一度是世界上运行能量最高的加速器，因大型强子对撞机的投入使用，它已于 2011 年 9 月 30 日关闭。Tevatron 的对撞能量是 1 Tev（1 Tev 就是一万亿电子伏特），大型强子对撞机的设计对撞能量是 14 Tev，已经夭折的超导超级对撞机（SSC）的设计对撞能量是 20 Tev。它们的造价分别为几亿美元、几十亿美元和上百亿美元。造价昂贵、预算超支是 SSC 下马的主要原因，并非所有物理学家都支持 SSC，在反对者中包括著名物理学家、1977 年诺贝尔物理学奖得主 P.W. 安德森。—— 译者注

超对称奇特的数学

大型强子对撞机的一大希望是它可能会发现超对称。超对称是使超弦理论平衡下来的对称性。在第 4 章中我曾简要地介绍过，它是通过切除快子做到这一点的。超对称也是把引力子和光子联系起来的对称性，而且它保证了 D0-膜的稳定性，我们是在第 5 章中讨论这些的。超对称和弦论在逻辑上是不同的。但在深层它们是缠绕在一起的。发现超对称将意味着弦论是走对了路的。当然怀疑者可能会指出有可能存在不需要弦论的超对称。当然在某种意义下说这是对的，但我想存在不需要弦论的超对称也太巧了，巧到我都没法相信。

但什么是超对称呢？在这本书中我已经多次涉及这个问题了。现在就让我直接回答它吧。超对称需要一种非常特殊的额外维度。我们通常习惯的维度，而且也是迄今为止我讨论过的弦论中的额外维度，都是用长度来度量的。而长度就是一个数：2 英寸，10 千米，等等。你可以把两个长度加起来得到另一个长度，你还可以把两个长度乘起来得到一个面积。超对称的额外维度不是用数字来度量的。至少，不是普通的数字。它们是用反对易数来描述的，这构成了超对称奇特数学的基石。反对易数在描述电子、夸克和中微子等费米子的过程中也发挥着关键作用。尽管我还没来得及定义"反对易"或"费米子"，但我已经准备这么去用它们了，即在不用引入太多数学的前提下尽量准确地使用这些名字去称呼那些理论对象。我们管超对称中的额外维度叫费米维度。

这些古怪的费米维度看起来是这样的。你可以选择进入它们还是不进入它们，就好像你可以选择向前移动还是向侧面移动。但一旦你进入了一个费米维度，你就只能以一个"速度"移动。速度本身仅仅是对什么是在费米维度上移动的一个粗略的类比。更贴切的说法——尽管也不完全——就是自旋。在一个费米维度上运动意味着你比不移动要自旋得更厉害。陀螺的自旋可以大些也可以小些取决于你在释放它之前用多大的力气转动它。但基本粒子只能有特定取值的自旋。希格斯玻色子（如果存在的话）没有自旋。电子具有最小的自旋。光子的自旋是电子自旋的两倍；但正如前面我们知道的，光子的自旋必须与它运动的方向平行。引力子的自旋是光子自旋的两倍。就是这样了。没有基本粒子的自旋会比引力子更大了。如果超对称是正确的，一个希格斯玻色子根本就不可能在费米维度上运动。电子只能以 1 运动。光子以 2 运动。但到引力子的时候就有点啰唆了：这取决于这里有多少个费米维度，有可能引力子的部分自旋是由其在费米维度上的运动导致的，而部分则与普通时空维度有关。

小结一下，这里有一种关于费米维度的排他性。你或者验证过它们（像一个电子）或者还没有（像一个希格斯玻色子）。这种排他性有另外一种表现形式，称为不相容原理。它说没有两个费米子可以同时占据相同的量子态。电子是费米子，比如在氦原子中有两个电子。这两个电子就不能处于相同的态。它们必须在氦核附近以不同的方式振荡，或者它们必须有不同的自旋——再不然就是两者都不一样。费米子的定义就是那些服从不相容原理的东西。

剩下的就是玻色子：光子、引力子、胶子和希格斯玻色子——如果它存在的话。玻色子和费米子是很不一样的。并不仅仅因为它们可以与其他玻色子占据相同的态，实际上它们是更喜欢占据相同的态。超对称是一个关于玻色子和费米子的联系。对每一个玻色子，都有一个费米子与之对应，反之亦然。比如，如果希格斯玻色子存在而且超对称是正确的话，那么就存在希格斯费米子，有时也称为希格斯微子，或偶尔称为超希格斯子。不管你怎么称呼它，希格斯微子其实就是一个沿某个费米维度运动的希格斯玻色子。

费米维度很难画出来。我们研究它的方式通常是利用一些奇怪的代数法则。比如说这里有两个费米维度。你用不同的字母去表示它们：比如 a 和 b。你可以对它们相加或相乘，大部分一般的代数法则仍然适用。比如：

$$a+a=2a$$

$$2(a+b)=2a+2b$$

$$a+b=b+a$$

但对费米量的乘法我们有一些非常奇怪的法则：

$$a \times b=-b \times a$$

$$a \times a=0$$

$$b \times b=0$$

我们可以这样来设想这个事情，1 表示你只沿着玻色维度运动；a 表示你沿着第一个费米维度运动；而 b 表示你沿着第 2 个费米维度运动。如果你试图沿着第一个费米维度运动两次，你就用这样的式子来表示 $a \times a$。等式 $a \times a=0$ 表示刚才你的这个运动是不被允许的。等式 $a \times b= -b \times a$ 更难解释。为了证明这确实是费米量运算法则的一部分，让我们把刚才的乘法法则重新改写为以下形式：$q \times q=0$，这里 q 表示任意费米量。如果 $q=a$，你会得到 $a \times a=0$。如果 $q = b$，你会得到 $b \times b=0$。但假如 $q = a + b$ 呢？让我们把它乘出来：

$$（a+b）\times（a+b）=a \times a+a \times b+b \times a+b \times b$$

我敢打赌这种乘法运算是你在高中数学课里非常熟悉的。我的老师称它为 FOIL 展开①。等式右边第一项是左手因式中第一项乘以右手因式中的第一项。我们把这个第一（First）乘以第一缩写为 "F"。第二项是左边两个因式里处于外侧项的乘积：即，第一个因式里的 a 乘以第二个因式里的 b。外侧（Out）缩写为 "O"。第三项是两个内侧项的乘积：第一个因式里的 b 乘以第二个因式里的 a。内侧（In）就是 FOIL 里的 "I"。第四项是两个因式里最后一项的乘积，所以最后（Last）乘以最后对应的就是 "L"。现在是关键之处，我们假设对任何费米量 q，即不论 q 是 a，或 b，或 $a+b$，都有 $q \times q = 0$。如果我们承认这个假设，那么刚刚我们所做的 FOIL 展开就简化为：

$$0 = a \times b + b \times a$$

那和 $a \times b = -b \times a$ 是一样的，这其实就是我想向大家解释的。以上讨论的关键在于费米维度需要一些奇怪的代数。甚至你可以说费米维度其实就是描述它们的代数法则。

超对称是玻色维度和费米维度在旋转下的对称性。这到底意味着什么呢？嗯，对称意味着不变，好比一个正方形转动 90° 后看起来是不变的。一个玻色维度是普通的，就像长度或宽度。（弦论中的六个额外维度也是玻色维度，但这暂时还不

---

① 我宁愿把这个展开称为：左左、右右、里里、外外。——译者注

重要）费米维度对应我在上一段里解释过的奇怪的代数法则。一个玻色维度和一个费米维度之间的旋转意味着在旋转前如果一个粒子沿着玻色维度运动，那么旋转后它就不沿着玻色维度运动了；而如果在旋转前它不沿着玻色维度运动，那么旋转后它就沿着玻色维度运动了。从物理学的角度来说，如果你由一个玻色子出发并把它旋转到费米维度，那么它就会变成一个费米子。如果用数学的语言去设想这个旋转，你就会用 a 或 b（表示一个费米维度）去替代数字 1（表示玻色维度）。不变的概念是这样得来的，你最终得到的那个费米子具有和初始时候玻色子相同的质量和电荷。这就得到了超对称中最特别的预言：对每一个玻色子都有一个具有相同质量和电荷的费米子与它对应，反之亦然。

世界并不是完美的超对称的，这一点我们知道得很清楚。如果存在一个具有和电子相同质量和电荷的玻色子，我们当然应该知道它。首先，它应该能完全改变原子的结构。实际上超对称可能是"破缺的"，或被某种类似于快子凝聚的机制破坏了。如果说一种奇怪的新对称实际上并不是一个对称，这个思想会让你感到云里雾里，我不应该责备你。和很多弦论一样，超对称也是一长串与实验物理学缺乏可靠联系的推理和论证。

如果超对称中的古怪思想和费米维度能被大型强子对撞机

证明，那将是超越一切的纯粹理性在我们时代取得的一次伟大胜利。很多人确实对此抱有希望。但希望并不代表现实。超对称就在那里，以某种近似的形式存在，或者它压根就不存在。坦率地说，无论最后是哪种结果，我都会感到奇怪。

可能的万有理论

以下是弦论如何解释现实世界正统思想的一个梗概。首先，弦论有十个维度。当然，这里我谈论的是超弦理论，所以会有一些额外的费米维度，但先让我们暂时搁置它们。十个维度里面的六个维度以某种程度的复杂方式卷曲起来。利用超弦的数学结构和世界面描述的一些其他性质，我们能找到如何让维度卷曲的偏好方式。卷曲起来的维度是小的——可能只有振动弦典型尺寸的几倍大。所有泛音模式都太重了以致它们不可能在大型强子对撞机可以触及的物理里面发挥本质作用。最重要的信息来自弦的最低振动模式。在一些场景下，D-膜或其他一些膜会穿透额外维度，它们将导致与大型强子对撞机物理学相关的额外的弦上的量子态。

在卷曲起弦论里这十个维度中的六个后，你最希望知道的就是剩下这四个维度中的物理学是什么。答案是这里总会有引力，而且一般也会有一个与量子色动力学并无不同的规范理论。引力来自于一个无质量的弦的态，它在额外的六个维度上被量子力学涂抹掉。规范理论或者来自类似的被涂抹掉的弦的态，或者来自与膜相关的额外的弦的态。

存在四维空间中的引力可太棒了——这正是广义相对论所描述的。所以弦论是否提供了一个"万有理论"这一问题就归结为你是否能通过维度卷曲所得到的规范理论作出关于亚原子粒子的真实预言。为了更好地理解规范理论，首先我们记得我们用三种颜色描述量子色动力学的规范对称：红色，绿色和蓝色。嗯，描述万物的最佳候选是——夸克、胶子、电子、中微子和所有剩下的——至少五种颜色。弦论的结构可以有几种自然的方式来容纳具有五种颜色的规范对称。我们还看不见那五种颜色是因为有一些未知的东西负责把这五个中的两个从剩下的三个中区分出来。那个未知的东西可能与一个希格斯玻色子类似，但也有其他可能性。为什么是五种呢？我们可以回顾一下费米子的种类：夸克、电子和中微子。夸克有三种颜色，但电子和中微子只各有一种。三加一再加一正好是五种。这真的很简单。

尘埃落定之后，最好的弦论构造会导致和我们在粒子物理学实验中看到很像的低能物理学。一般而言，它们需要超对称和不止一种希格斯玻色子，是两种，而且它们还需要一整套质量和希格斯子在同一个数量级上的其他粒子。它们还允许中微子有微小的质量。它们还容纳一个可以用广义相对论来描述的引力。总之，这让人印象深刻：无疑，没有其他任何基础物理学的理论框架可以如此提供具有正确动力学的正确要素。如果弦理论家能够以某种方式命中这种正确的构造的话，它就将是所谓的"万有理论"：即，它将包括所有的基本粒子，所有它们经历的相互作用和它们遵从的所有对称性。我们需要做的仅仅是求解这个理论的方程并预言粒子物理学中每一个可以测量的量，从电子的质量到胶子间相互作用的强度。

然而，这里有些一直存在的困难。很多取决于与六个额外维度有关的尺寸和形状。我们不知道是什么理由导致这些维度不能是平的。换句话说，我们不知道是什么样的动力学导致我们必须生活在四维而非十维中。一种可能性是在早期的宇宙中所有的维度都紧致地卷曲起来，因为某种原因，其中的三个维度而非所有九个维度更容易展开成为我们经验到的空间维度。但这仍然无法解释为什么额外维度会具有它们所具有的形状。更糟的是，额外维度往往是软的。为了理解我这里所说的，让我回忆一下我们关于一簇D0-膜的讨论。在一定程度上它也是软的，使得每一个D0-膜都仅仅是不互相飞开，并且还使得簇外的D0-膜既不被它吸引也不被它排斥。额外维度软的程度意味着它们可以很容易就改变尺寸和形状，就像一个 D0-膜可以很容易就从膜的簇上跑掉一样。

人们尝试了很多种方法努力把这些额外的维度捆绑起来以使它们不会外漏。标准的要素是使用膜和磁场。它们就像打包用的打包绳。但假设你要打包的对象很柔软，你就需要很多打包绳以保证包裹不会从这里或那里凸出来。磁场在这里发挥着类似的作用，它以某种方式使额外的维度稳定下来。

你即将结束讨论的这幅图像说明额外维度是复杂的。这里可能有很多、很多种方式把它们捆绑起来使其不外漏。因为另一个问题，宇宙常数问题，这无数的可能性往往被认为是件好事。简单地说，如果有一个宇宙常数的话，那么三维空间本身就会随着时间膨胀。由天文观测我们可以得出结论，大部分银河系都在远离我们，而这被解释为空间本身的膨胀。一个非零的宇宙常数会使那个膨胀加速。实际上，过去十年的天文观测表明宇宙正在以一个与非常小宇宙常数相符合的方式加速膨胀。如果我们希望用弦论解释这个世界的话，那就需要我们把额外的六个维度捆绑起来，这样它们就无法移动了，但剩下的三个普通维度会有轻微的膨胀倾向，并且是加速膨胀。很难指出它是如何做到这一点的。但确实存在很多种增加额外维度的方式。一些弦理论家认为，既然存在那么多种可能性，这里一定存在

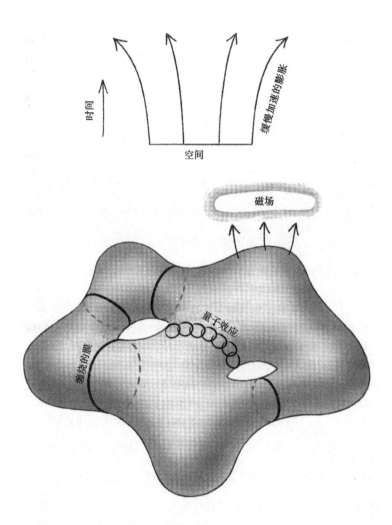

　　图 7.1 （可能的）根据弦论构建的世界。通常的四个维度（上图）有轻微膨胀的趋势。额外的六个维度（下图）必须被缠绕的膜和其他一些花招捆绑起来以使它们不会外漏或改变形状。

几种能解释所有情况的可能性，这样宇宙学常数就会在一个可以接受的小的范围内出现。在我们的宇宙，额外维度恰好以正确的方式被捆起来了。如果它不是的话——我们的论点是——智慧生命将不可能存在，那么我们也不可能存在了。反过来说，我们的经验表明我们所处的这个宇宙必须有一个小的宇宙学常数。总之，对这一论点在弦论中是否有用我并不是特别自信。

如何发展一个万有理论，弦理论家们已经被这个问题折磨二十多年了。卷曲起来的额外维度永远在其中发挥着作用。关于弦论我们知道得越多，它的可能性看起来也越多。这挺让人尴尬的。它让我想起理论物理学另一角落里的一个长期未解决的问题：高温超导电性，将它与如何从弦论推出真实的四维物理学进行比较可能会很有意思。这个发现始于1986年，人们发现高温超导体能几乎无损耗地传导大量电荷。高温可能是一种夸张的说法：这里的温度大致可与空气液化的温度相比较。但这个温度已经比从前的超导体高很多了，当时常规超导体已经有一些重要的工业应用了。但从理论上说，很难理解高温超导体是如何工作的。1950年曾有一个理论能成功地解释常规超导体，这个理论是基于电子配对机制的，使电子配对的力是基于声的。虽然相隔很远，超过原子大小的很多倍，一个电子能以某种方式"听"见另一个电子，并协调它们的运动以避免能量的损失。很奇妙，但也很脆弱。过分激烈的热运动会破坏这种配对的发生：这就好像电子在热的嘈杂噪声中无法互相"听见"对方。人们相信无法通过修补这个 1950 年的解释，即电子通过声波协调它们的运动，来解释高温超导体的非凡性质。在这些材料中电子可能还是配对的，但它们的距离要短得多，而强度则要强得多。看上去它们利用了所处环境的细微特征以使配对发生。已经有一些关于配对如何发生的强有力的理论主张，但我不认为问题已经解决了。

不论是否已经解决了，弦论都应该从高温超导电性那里学到一些东西。最主要的一点就是纯论证往往是不够的。高温超导体是一个实验发现，自其发现以后理论就一直努力赶上来。关于世界的正确理论可能与我们现在能设想的很不一样。脆弱的借助声波的电子配对让我想到额外维度的松软：仅仅是勉强保持完整。弦论真正与世界联系的方式可能与这些被束缚在一起的膜、磁场和额外维度不同，就像现代对超导电性的解释与1950 年的理论是不同的一样。可能我们还需要至少同样长的时间才能在弦论中指出这一点。

粒子，粒子，粒子

在第 5 章中，我简要地罗列了已知的基本粒子：光子、引力子、电子、夸克（6 种！）、胶子、中微子和几种其他粒子。对这个列表进行解释并不改变这样一个明显的事实，即确实有很多不同的粒子，每一种都有特殊的性质和相互作用。一长串对象的罗列呼吁一个统一的理论，在这个理论中有更少的粒子同时还有更深层次的解释力。通过原子理论，化学元素周期表就获得了这种统一的处理。氦、氩、钾和铜在化学反应中是完全不同的。但原子理论告诉我们它们都由电子和原子核组成，电子处于在原子核附近振动的不同量子力学态，而原子核都由质子和中子组成。利用弦论，这一长串基本粒子可能会得到一个统一的处理。在弦论中也会有一长串对象的列表——D-膜、孤子 5-膜、M-膜，等等——没人知道它们如何或是否能够在超越弦对偶的层次上统一起来。

人类迄今发现的最重的粒子是顶夸克。它的质量是质子质量的大约 182 倍。它被发现于 1995 年，是万亿电子伏特加速器（2010 年前世界上能量最强的美国粒子加速器）上的实验成果。质子和反质子在周长大约 6.3 千米的大环上旋转，然后猛撞在一起发生头对头的碰撞。碰撞发生的时候，它们每一个具有的能量都相当于静质量的 1 000 倍。在这种碰撞下能产生顶夸克并不奇怪：能量是足够的。实际上，碰撞的能量足够产生一个是顶夸克质量十倍的粒子：1 000+1 000=2 000，就是 2 000 个质子的质量。不幸的是，这些能量不可能都给单独的一个粒子。因为质子和反质子都有结构。它们中的每一个都包含三个夸克和一些胶子。当质子和反质子发生碰撞时，大部分夸克和胶子都错失了碰撞对象，或仅仅经历了擦边碰撞。现在来考虑一种有趣的情况，质子中的一个夸克或胶子猛烈地撞击在反质子中的一个夸克或胶子上。这样的一个猛烈撞击——更常规的叫法是"硬过程"——就是万亿电子伏特加速器产生顶夸克的过程。硬过程也应该可以产生希格斯玻色子，如果它们存在的话。因为硬过程只分别和质子及反质子中的一个夸克或胶子有关，能够产生顶夸克的能量仅是碰撞总能量中的一部分。

大型强子对撞机能够使质子对以质子质量的大约 15 000 倍碰撞。硬过程可以获得的能量大约是这个数值的十分之一——有时多些，有时少些。大致来说，大型强子对撞机可以产生大量静质量是 1 000 倍质子质量的粒子。也可以产生更重的粒子，也许能到 2 000 倍质子质量。

但粒子质量越重，有足够能量产生这样粒子的硬过程就越稀少。

　　通过大型强子对撞机我们期望能发现什么样的粒子呢？在写本书的时候，诚实的回答是这样的：我们不确定，但最好能发现些什么。我的意思不是说如果大型强子对撞机什么都没发现，那么它就是个巨大的浪费——尽管显然是这样的。我的意思是有很好的来自独立于超对称或弦论的理由，表明存在一些东西隐藏在大型强子对撞机将要探索的能量范围内。它可能就是希格斯玻色子。最有可能的，它是希格斯玻色子和一些其他

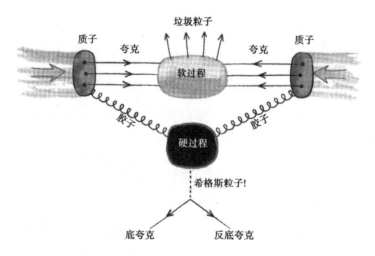

　　图 7.2　大型强子对撞机中的一次质子—质子碰撞可能会按如图方式产生一个希格斯玻色子。在我画的这个过程里，希格斯粒子立刻衰变为一个底夸克和一个反底夸克，这是可以被探测到的。但"垃圾粒子"会对到底发生了什么造成干扰。

粒子。如果我们足够幸运的话，它将是超对称。道理是这样的，根据重整化那里会有些什么东西。在第 4 章中我给出了一个关于重整化的简短、定性的介绍，但要提醒你，是某种数学机制使我们能够跟踪电子周围的虚粒子云，或事实上任何粒子。这个机制有效的话就意味着在大型强子对撞机将要探索的区域里存在着一个类似希格斯玻色子的东西。如果要让它顺利地工作，除了希格斯子还必须存在类似超对称的东西。但不要忘记我们的数学机制并不是世界本身。我们也可能犯错。在大型强子对撞机里也可能发现一些我们没有设想过的东西。那将是所有可能性中最让人兴奋的一种。或者——尽管我们的期望都有很好的理由——但我们就是什么都没看见。

让我们回到超对称，大家喜欢用它来描述大型强子对撞机的物理学。正如我在前面解释过的，超对称的一个惊人预言是对我们已知的每一个粒子，都有一个新的与它质量、电荷完全相同，相互作用强度大体相同，但自旋不同的粒子与它对应。我们知道有电子。超对称就预言了有超电子（或简写为"selectron"）。我们知道有光子，超对称就预言了有超光子（一般也写成"photino"）。类似的，超对称还预言了超夸克、超胶子（也称胶微子）、超中微子，以及超引力子（也称引力微子）。甚至希格斯粒子也会有它的一个超对称粒子，一般称为超希格斯子（也称希格斯微子，常常也写作"shiggs"）。我前面还解释过，超对称并不严格正确：比如，我们知道并不存在一个和电子具有相同质量的超电子。近似的或"破缺的"超对称仍然预言会存在超电子、超光子、超中微子和所有其他的超粒子。但它们的质量会比我们迄今已经发现的粒子明显大些。让我们来做一个合理的假设，假设这些超粒子中的大部分或全部都在大型强子对撞机的能量范围以内。如果这是真的话，大型强子对撞机将成为有史以来最多产的发现机器，它将并不仅仅是发现几个新的基本粒子，而是十几个甚至更多。

一个需要与已知所有东西数量一样多新粒子的对称性看起来更像是一个退步而非进步。毕竟，难道我们不是通过用更少的要素达到一个更具解释力的统一图景的吗？这正是我第一次学习超对称时对它的感觉。但这里有一个值得回味的比较。电子的方程，发现于 20 世纪 20 年代，它导致了一个非常出乎意料的预言：存在反电子，常常也叫正电子。很快，物理学家们就预言对几乎已知的每一种粒子都存在反粒子。并且他们真的发现了它们！对我而言，超对称没有同样的必然的光环。我们不一定要按照描述电子的方程那样去描述我们确实知道的粒子。但把先见之明与后见之明比较也许并不公平。

一个粒子的质量正好处于大型强子对撞机能量的区域是一回事，真正发现它是另外一回事。这是因为在碰撞产生的垃圾中进行梳理是很困难的，而要重建发生了什么就更加困难了。实际上万亿电子伏特加速器很可能几年来一直在产生希格斯玻色子，但通过实验数据重建它们太难了，以至于我们一直没能发现它们。实际上，物理学家一般认为希格斯玻色子的质量范围是不超过150倍质子的质量：比顶夸克还要轻！事实上在大型强子对撞机上超粒子可能比希格斯粒子要更容易被发现。特别是超胶子，如果它的质量处于容易被探测到的范围，它会产生很多。同样重要的是，很多超对称的理论都预言它们将经历一个壮观的衰变链条，相对而言从这里拣选数据应该比较容易。在这个链式衰变中，超胶子会把它的一部分静能量转变为一个其他种类的超粒子。然后这个新的超粒子会把它的一部分静能量以相同的方式变为另一个超粒子。几个这样的步骤后，我们会得到一个最轻的超粒子。这个最轻的超粒子常常被简写为LSP。一般认为最轻的超粒子是没法再继续衰变的，但它将逃逸掉而不会被探测到。如果这是对的，大型强子对撞机的探测器探测到的将不是超粒子，而是它们在衰变到最轻的超粒子的过程中发出的那些粒子。

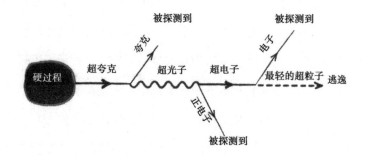

图 7.3　超夸克会衰变为几个被探测到的粒子和一个最轻的超粒子，最终最轻的超粒子会逃逸掉而没有被探测到。

在我们继续讨论最轻的超粒子之前，我将指出关于大型强子对撞机的一个不幸的事实：即使它发现了那些看起来很像超粒子的东西，我们也很难确认它们是否就是超对称的确切证据。这主要是因为质子和质子的碰撞很混乱。有很多粒子产生。我们知道夸克和胶子间的相互作用很强以至于它们能遮蔽新现象，而且很难确定新发现粒子的自旋。因为以上这些原因，物理学家们已经开始呼吁为大型强子对撞机建一个伙伴加速器，即国际直线对撞机（International Linear Collider），或称为 ILC。它将使电子和正电子发生对撞。这样的对撞会提供一个更干净的实验环境。它将可能比使用大型强子对撞机更清晰地分辨出超对称及其替代理论。但国际直线对撞机现在还仅仅是个提议。

超导超级对撞机的黑暗命运表明要想把这样的提议变为现实有多难。

让我们再回到超对称。如果存在最轻的超粒子，那将是所有发现中最重要的了，因为它可能就是把星系拉在一起的暗物质。几十年来，宇宙学家和天文学家一直在猜测星系的总质量。他们可以（至少是粗略地）数星系中恒星的数目。通过这种计算，他们可以估计星系中到底存在多少普通物质。所谓普通物质，我主要指的是质子和中子，因为质量主要就是由它们携带的。问题是星系中普通物质的质量似乎从来都不足以把它们以它们现有的方式拉在一起。这样就有了"暗物质"假设：在星系里有我们看不见的额外的东西，它们主要负责把星系们拉在一起。基于多种观测，很多或大部分宇宙学家相信在宇宙中暗物质是普通物质的五到六倍。但它是什么呢？有几种提议浮在水面上，从燃烧完的恒星到亚原子粒子。认为暗物质就是最轻的超粒子有两个好处。第一，在很多最接近实际的超对称理论中，它们非常重（比质子质量重 100 多倍），不带电，并且是稳定的——意味着它们从不衰变为其他粒子。第二，不难理解它们是如何由早期宇宙产生的并估算出大致正确的丰度——这意味着它们在今天的总质量相当于普通物质的五到六倍。

总之，超对称是一个美妙的理论框架。它很好地建立在一种奇特的数学基础之上。它与包括重整化在内的已经建立起的粒子理论漂亮地兼容，而且它还预测了很多我们有望在大型强子对撞机中看到的新粒子。最后，超对称和弦论深深地关联着，以至于我很难相信会有人认为超对称可能在没有任何形式弦论正确的前提下存在。让我这么说吧：超对称有一点点像弦对偶。它把粒子和超粒子联系起来，就像 S-对偶把弦和 D-膜联系起来。和弦对偶一样，它让你想要的更多。是否存在一个在所有粒子和超粒子之下的统一图景呢？难道超对称本身不是对存在那样一种基础图景的暗示吗？弦论提供了一个干净的答案，那里超对称从一开始就被建立起来，而且那里所有我们知道的或即将发现的粒子都有一个依照弦动力学和额外维度的或多或少统一的起源。

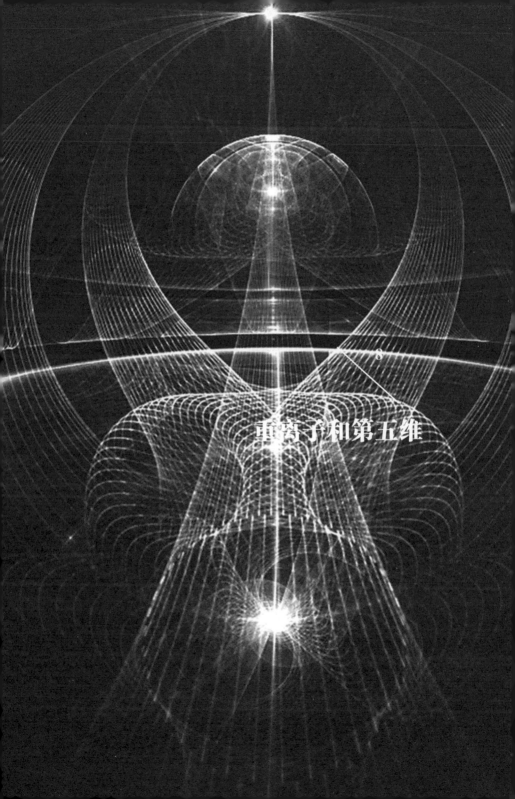

重夸子和第五维

关于超对称和大型强子对撞机物理学关系的一个奇怪的事实是它们的主要部分在二十多年前甚至更早就基本上已经出现了。当然在最近的二十年里肯定是有进展的，不论是在理论方面还是在实验方面。顶夸克是个重大的发现，尽管它已经被预言很久了。尚待发现的希格斯粒子会以有趣的方式限制可能的超对称的模型。对超对称理论的理解已经大大加深了，对大型强子对撞机上可能呈现的超对称的形式要比 20 世纪 80 年代探索得更加充分。但这些进展还只是递增式的。特别是现在，随着大型强子对撞机即将开始产出数据，人们可以感觉到整个领域都屏住了呼吸。但确实等得有点久了。超对称是如此迷人以至于几十年来在没有任何实验发现的前提下它都没有失去作为领域里主要希望的地位。而那些替代理论不得不以超对称为标杆以至于它们都开始模仿超对称了。

最近，一个全新的把弦论和真实世界联系起来的路径被发展起来。从弦论的角度，它是以规范 / 弦对偶为基础的，这些我在第 6 章有介绍。从真实世界的角度，它和重离子碰撞有关，我将在下一节展开讨论这个话题。在这种碰撞里，温度和密度会升得很高以至于质子和中子都融在一种叫夸克—胶子等离子体（quark-gluon plasma，QGP）的流体中了。我们可以不通过弦论就理解这种融化的流体。可以这样恰当地定义这个领域，我们的目的就是要使弦论成为描述夸克—胶子等离子体的几个有用的定量工具之一。

和提出万有理论或反映物理宇宙的最终结构相比，这个目标显然不是那么高。但现在，在设想的弦论和重离子物理学之间的联系里有两个迷人的特征是不存在于弦论的万有理论方面的。第一，弦论方面的知识内容深深地植根于弦动力学和规范／弦对偶。这提供了一个比由大多数万有理论场景进入弦论本身的更直接的途径。因为弦论和大型强子对撞机物理学之间的联系主要是通过超对称和弦论的低能极限规定的，这样除了最轻的弦的态我们什么都不需要考虑。第二，弦论计算已经可以与实验数据进行比较了，并取得了一定的成功。谨慎仍然需要，关于弦论如何甚至是否与重离子碰撞有关都存在着严重的质疑和分歧。尽管如此，这个领域仍然提供了迄今为止当代弦论和实验物理学之间最紧密的联系。

地球上最热的东西

相对论性重离子对撞机（The Relativistic Heavy Ion Collider, RHIC）是位于长岛的离纽约市不太远的一个粒子加速器。它的基本设计与万亿电子伏特加速器和大型强子对撞机类似。但相对来说它有点弱小：它只能把亚原子粒子加速到它们静质量的大约 100 倍。万亿电子伏特加速器可以达到 1 000 倍，而大型强子对撞机对质子最高可以达到 7 000 倍。相对论性重离子对撞机和万亿电子伏特加速器的不同在于它可以加速很重的粒子，比如金的原子核。在金核中有大约 200 个核子。（记住，一个核子就是一个质子或一个中子。）之所以选择金是因为它有一个大的原子核，此外还和如何开始加速粒子的一些技术原因有关。当大型强子对撞机撞击重离子的时候，计划中的对象是铅，它甚至有一个更大点的原子核。从重离子对撞的角度，选择金其实也没有什么特殊的。我将继续以金为例进行讨论，因为我们在相对论性重离子对撞机中选择的物质就是它。

粒子物理学家长期以来的希望就是通过把任何东西与任何东西对撞来了解学习它们。但这种希望到电子和正电子对撞的时候就变得稀薄了。我们有很好的理由解释这件事：电子和正电子与原子核相比都太小太简单了。没有任何证据表明一个电子有结构，它只能被设想为一个点粒子。正电子就和电子一样，只是具有正电荷。而质子已经比电子复杂多了。它们包含至少三个夸克，可能还有一些胶子。整体而言，这些质子（或，也可以说中子）的成分就称为部分子：每一个都是质子的"部分"。但一个质子并不仅仅是它的部分子的集合。质子内部夸克和胶子之间的强相互作用就好像在前面讨论过的与重整化有关的虚粒子的级联过程。让我们回顾一下这一切是如何发生的。一个夸克可以发出一个胶子。这就好像电子可以发出光子一样。一个胶子就好像一个光子，但并不完全。一个大的区别是胶子可以分裂为别的胶子。所有这些发射、分裂和汇聚就像瀑布倾泻一样发生。我们说粒子是"虚的"，是因为所有这些都发生在质子的内部。实际上我们无法看到一个单独的夸克或一个单独的胶子能够自己存在：它们总是作为一个质子或一个中子，或一些其他亚原子粒子的部分存在的。物理学家说夸克和胶子是被禁闭的。虚粒子以级联的方式产生又湮灭，但这些总被限制在质子的内部。

当质子发生碰撞的时候，对级联衰变过程中的夸克和胶子，一种情况是设想每一个粒子都能遭遇另外一个粒子。一对夸克可以非常猛烈地撞击。这类事件就是大型强子对撞机的希望所在：一个硬过程。尽管如此，很多过程中夸克和胶子之间的相互作用是更软的。"软"在这里是表示相对程度的。发生碰撞的质子最终会被碰撞摧毁。碰撞产生50个甚至更多的粒子，其中大部分是不稳定的。

为了理解这些碰撞，让我们设想两个汽车头对头相撞的车祸。为了避免联想到悲伤和可怕的事情，让我们假设车上没有任何乘客，只有做撞击试验的假人。我把汽车类比为发生碰撞的质子，假人类比为质子里面的夸克。在有利的情况下，假人将只受到微小的损害而汽车已经被彻底摧毁了。这就相当于说一个质子中的夸克仅轻柔地与另一个质子里的部分子相互作用。在不利的情形下，假人有可能被汽车冲过来的一部分严重地压碎。这就像是一个硬对撞。质子—质子对撞一般是混合的，有一些是相对硬的过程，除此之外还要在附近加上很多软的垃圾事件。

有一点我要赶紧声明，偶尔的高能亚原子粒子对撞一点也不危险。实际上，当高能粒子射向地球并撞击到空气中的某些原子核时，高能对撞就经常在地球的大气中发生。在万亿电子伏特加速器发生的和即将在大型强子对撞机中发生的，仅仅是某些自宇宙诞生时起就一直发生事情的一个可控版本。因为有那么多对撞发生在粒子加速器的相同地方，因为对撞的环境被封闭在地下。在地下确实会有大量的辐射对人产生危险。但与核反应堆或原子武器相比，这种危险是相对温和的。

金原子核的对撞乍看起来和质子—质子对撞很像。每一个原子核都由一大团核子组成，每一个核子的里面都在经历着部分子的级联衰变。在碰撞的过程中，一些部分子可能会相当硬地相互碰撞，而大多数部分子会更加轻柔地相互碰撞。和质子—

质子对撞一样，金原子核会被彻底摧毁。一次金原子核对撞事实上会产生几千个粒子出来。

定性地说，金原子核的对撞在某些方面要比质子间的对撞更有破坏性。为了描述这一点，让我们先退回到撞车的类比。一辆或全部两辆车的油箱被点燃并且爆炸是撞车时最糟糕的事情。汽车制造商为了避免这种情况的发生做了很多预防工作，比如把汽车的油箱放到最不可能被撞击到的地方。金原子核和金原子核的对撞有点像在一次撞车后不久发生的油箱爆炸。实际上会有一个核火的热球形成然后它会爆炸并分开。这个球要比你想象中的任何东西都要热得多。一次油箱爆炸的温度可能会达到 2 000 开尔文。太阳中心的温度是大约 1 600 万开尔文。引爆一次热核炸弹（氢弹）会达到差不多相似的温度。非常热，对不对？好吧，现在来看看这个：在相对论性重离子对撞机中获得的温度比太阳中心的温度还要高 20 多万倍。这个问题真的值得思考一下。它比白热还要热得多：白热仅仅是几千或几万开尔文。这是非常非常热的状态。质子和中子会融在这个热里面，把它们里面的夸克和胶子放出来。它们形成夸克—胶子等离子体，这我已经在本章的前面提过了。

在质子—质子对撞中，大型强子对撞机物理学家将从硬过程中筛选希格斯玻色子和超对称存在的迹象，但与此同时，这

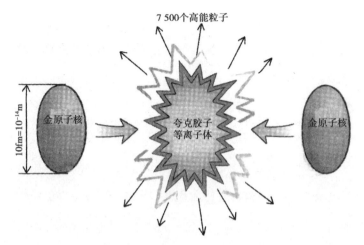

图 8.1　金原子核的一次超高速对撞产生了一个夸克—胶子等离子体，它将衰变为几千个高能粒子。

些迹象也被同一个碰撞产生的所有软垃圾遮蔽。仅剩下一点而已。当两个夸克真的猛烈地撞击在一起，它们会沿着全新的方向反弹出去，而且它们基本不受其他质子的阻挡就飞向周围的粒子探测器。在重离子对撞中则正好相反：硬过程发生了，但大多数时候产生的粒子会被"困"在夸克—胶子等离子体中。这种被困的程度就是夸克—胶子等离子体的一个关键特征。射入水中的子弹提供了一个合理的类比。在电影里你可能见过 007（詹姆斯·邦德）或一些类似角色，他们会潜入水底以躲避子弹。在电影里子弹嗖嗖地在男演员的身边飞，你能看到这些长长的、充满泡沫的弹迹被奇异地照亮了。嗯，事实是子弹在水里只能穿透几英尺。用物理学家的语言说就是子弹在水里的停止距离只有几英尺。夸克—胶子等离子体的一个突出性质就是，对那些在硬过程中产生的粒子它的停止距离非常短：只有质子尺寸的几倍大。

夸克—胶子等离子体的第二个突出性质是它的黏滞性。考虑到 QGP 的超高密度，它的黏滞性却出人意料地小。这里需要稍微解释一下才能明白是什么意思。一方面，我觉得黏滞性是所有曾经下过厨房的人都熟悉的一种现象：蜂蜜和糖浆是黏的，水和菜籽油就说不上黏。但这里我们要比较的是一对重离子物理学里的现象，几乎自由流动着的粒子，它注定会有高的黏滞性，而存在强相互作用的等离子体，其黏滞性却反而不大。这怎么看都是搞颠倒了。没有什么东西可以比自由流动的粒子有更少的黏滞性了，对不对？如果没有粒子间的相互碰撞的话，那就没有黏滞性了，对不对？不幸的是，这是完全错误的。黏滞性很低的东西能够形成流层，它们可以相互滑动。就好像是水流流过石头：非常靠近石头的一层水流运动得很慢，但上面的流层会快速地流过石头，底下的流层在某种意义下充当了润滑的角色。假如我们把水换成蒸汽并把石头还放在那里会怎样？让我们假设蒸汽也被束缚在河床里流动：比如我们在蒸汽的上方盖一个盖子以束缚住蒸汽。现在，蒸汽就是一束各自独立的水分子，它们很少相互撞上。但它们确实会撞上石头。和水不一样，蒸汽不形成可以轻易相互滑动的层。都是通过粗糙的水槽，实际上蒸汽流输运相同质量的水比水流输运相同质量的水要难，因为水是自我润滑的。这意味着水比蒸汽具有更低的黏滞性。

重离子碰撞造就的情况有一点像布满岩石的河床，当然这里没有岩石也没有水流。（类比总会碰到它们的限制！）我的意思是你可以在重离子碰撞中区别像水一样的低黏滞性的物质——意味着可以在光滑的层上自由地滑动——和像蒸汽一样的高黏滞性的物质，它们基本上就是一束很少发生相互碰撞的粒子。令人惊讶的是，对数据最好的解释来自于非常低黏滞性行为的假设。但基于量子色动力学尝试性的理论估算没法解释这种情况，计算表明夸克和胶子的行为不像水而更像水蒸气，但实际上正好相反。

当人们发现黑洞视界具有为了解释重离子碰撞数据所需要的小的黏滞性的时候，重离子物理学的世界被动摇了。这项发现是在规范/弦对偶框架下做出的，关于此我曾在第6章中介绍过。后续的发展表明重离子对撞的很多方面可以与引力系统相比拟。研究引力系统总会与一个额外的维度有关。它和体现为万有理论的弦论中的额外维度不一样。这里的额外维度——在本章的标题中我把它表述为第五维度——并未卷曲起来。它与我们通常的维度成直角，而且我们无法以通常的方式进入它。它描述的是能量的量级——即发生一个物理过程的特征能量。把第五维度与我们知道而且喜欢的维度汇总在一起，你就将得到一个弯曲的五维时空。这个时空将温度、能量损失和黏滞性编码为几何学的方式。在过去几年中，很多努力都投入破译五维几何学和夸克—胶子等离子体物理学间的对应关系中去了。

小结一下：大型强子对撞机物理学家希望不要存在于质子—质子对撞中的软相互作用在重离子对撞中被放大了很多倍。它们导致了夸克—胶子等离子体的产生。夸克—胶子等离子体不能很好地被单个粒子的语言描述。它的性质在某些方面可能会更好地被用规范／弦对偶语言所描述的五维空间中的黑洞理解。

五维空间中的黑洞

在第 6 章中，我曾对规范／弦对偶给出了一个简要的介绍。让我概括一下其中的要点。一个规范理论和量子色动力学类似，它描述 D3-膜上的弦是如何相互作用的。通过改变这个规范理论的一个参数，它们的相互作用可以变得强点也可以变得弱点。如果你使这个相互作用变得非常强，那么热的状态就会被一个包围着 D3-膜的黑洞视界很好地描述。这个视界很难被可视化，因为它是十维环境空间里的一个八维超空间。一个简化的帮助我去设想这个视界的方法是把这个视界想象为一个平坦的三维表面，它平行于我们生活的视界，但在第五维度上与我们分离，距离和温度有关。三维表面的温度越大，这个距离就越小。这是一个并不完美的可视化。它告诉我们这个第五维度与我们通常的四维并不相同。四维空间里的经验就好像是五维"现实"的一个投影。但与你在日光下看到的阴影不同，四维经验里所携带的信息并不比它背后的那个五维"现实"里的少。四维陈述和五维陈述实际上是等价的。这种等价既微妙又精确。这是一个关于类固醇激素的隐喻：每一个在四维物理学中有意义的陈述都有一个五维的对应，反之亦然——至少原则上是这样。

其他弦对偶也有类似隐喻的性质。比如，如果你记得的话，十维弦论和十一维 M-理论之间的对偶包括了一个 D0-膜与围绕圆形运动粒子之间的等效性。规范／弦对偶的特殊魅力在于它能在超出任何人直观想象能力的维度上把一个抽象的理论和另一个抽象的理论联系起来，除此之外，借助它人们可以用类似描述夸克和胶子的方法去直接处理四维物理学。所以五维空间中的对偶对等物也具有特殊的重要性。对我们现在的讨论，最重要的就是重离子对撞产生的夸克—胶子等离子体和五维空间中黑洞视界的关系。这个类比能够成立的真正原因是重离子对撞产生的高温，这个高温足以融化核子使之成为夸克和胶子的混合。核子本身相对而言难以被转化为五维的构造。单独的夸克和胶子也很难。但一群强相互作用的夸克和胶子的集体行为却很容易：因为它们形成了视界。

不可否认，规范／弦对偶有一个很难被描述的性质。根据已经确立的技术的理由，规范／弦对偶有这样一个第五维是非常奇怪的，它和我们平时知道和喜欢的维度不一样。这看起来不太像是一个物理学的方向，而像是一个可以用来描述四维物理学内容的一个概念。归根结底，我不相信作为万有理论弦论的六个额外维度会比规范／弦对偶的第五维更可信。

还有一件挺讽刺的事，这个黑洞的温度是非常高的，与星系核心存在的黑洞的温度形成了强烈的反差。回忆一下我们在第 3 章中的粗略估算：星系中央的一个黑洞可能有上万亿度开尔文。五维空间中与夸克—胶子等离子体形成对偶的黑洞的温度会超过三万亿度开尔文。造成这种区别的是五维几何弯曲的形状。

如果我们接受这样一个图景，即把夸克和胶子的热集群看作是五维中的一个视界，那么这意味着什么呢？嗯，这意味着有好多事情你可以做，因为规范／弦对偶是一个做计算的好机会。最热门的计算之一是计算黏滞性：由黑洞的几何开始计算，尽管等离子体的密度足够大，但算出来的剪切黏滞性非常小，这个结果看起来与被广泛接受的对数据的解释符合得很好。还有一些计算与能量很高的粒子有关，正如我在前面介绍过的这些粒子不能在等离子体中穿行很远，这个现象与黑洞物理学有着很明显的关系：没有什么东西可以从黑洞里跑出来。但这与说没有什么东西可以穿透热介质很远是不太一样的。这里应该如何解释呢？

当我正在撰写本书时，实际上这里是有一些关于正确答案的争议的。我将仅介绍故事的一面，然后稍微提一下这个争论是关于什么的。

我将要解释的故事的一面涉及"QCD弦"这个概念。这是一个非常重要并且很受欢迎的概念，因此我要稍微停一停并介绍一下它是从何而来的。首先，你应该记得电子会产生一个虚光子云。这些光子可以通过一个电场来描述。实际上，任何带电的物体都会产生一个电场。比如，一个质子可以，质子周围的电场告诉另一个质子，作为对第一个质子的反应它应该向哪个方向移动。质子和质子之间的电作用是互相排斥的。我们用从质子出发，在各个方向上向外指的电场来表示这种作用。质子能够吸引电子，而这用相同的电场来表示：对这些电子而言，电子带负电，电子感受电场受到的相互作用与质子感受同样电场受到的相互作用正好相反。

　　夸克和电子在深刻的层次下是相似的，尽管它们也深刻地不同。夸克能产生一个可以被理解为"色—电场"的虚胶子云，它能告诉其他夸克如何运动。迄今为止，这都很类似于电子。但虚胶子之间的相互作用很强，这就完全不同于光子了。因为这种相互作用，色—电场会贯穿自身成为一个狭窄的弦——QCD 弦——它从一个夸克指向另一个夸克。这里存在着叫介子

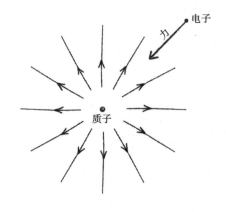

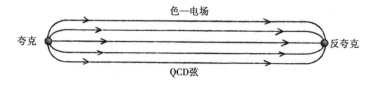

图 8.2　上图：一个质子周围放射状向往外的电场。下图：由一个夸克产生的色—电场能形成一个 QCD 弦，这个 QCD 弦能结束于一个反夸克上。

的对象，它们能很好地被这些术语描述：两个夸克由一个 QCD 弦相连。通过研究介子的性质，你就能够推知一些 QCD 弦上的动力学，它在某些方面和弦论中的弦颇为相像。实际上，这类研究比量子色动力学或弦论还要早！它们为以下设想提供了素材，即弦可以用来描述亚原子物理学的特性。那些设想的现代化身是规范／弦对偶及其与量子色动力学联系研究的一部分。现代弦论和量子色动力学之间的真正区别是在弦论里弦是被当作基本对象的，而在量子色动力学里弦被当作是很多虚胶子的一种整体效应。尽管如此，我们从弦对偶中学到的一课是不要太过坚持哪种理论构造是基础的而哪种是衍生的：当情景发生变化时，我们应该使用最方便的语言去描述物理实在。

现在假设一个产生于硬过程的夸克正艰难地穿越夸克—胶子等离子体，就像一颗子弹穿越水。QCD 弦背后的想法仍然有一些用：虚胶子围绕着夸克，这些胶子和它们自己相互作用，它们会产生一些集体趋势倾向于形成一个 QCD 弦。但还有另外一些事情在发生：所有热集群里的夸克和胶子都与原来的夸克发生相互作用，同时也和它可能产生的任何虚胶子发生相互作用。这个热集群能够阻止 QCD 弦的完全形成。总之，这个图景看起来有点像一只蝌蚪：原来的夸克像头，它倾向于形成的QCD 弦是尾巴。蝌蚪尾巴在水里摆动和拍打的方式就像热集群与虚胶子作用的方式（就我所知）。这个图景现在在量子色动力学里还不是精确或定量的。但在规范／弦对偶中存在和它类似的东西。一根弦从一个夸克上垂下去伸进黑洞的视界里。当夸克向前移动的时候，弦被拉着也向前移动。但弦的尾部进入了黑洞的视界里，在某种程度上被卡住了。弦把夸克向后拉，因为弦无法使它的另一端摆脱黑洞。最终，夸克或停下来，或掉进黑洞里面去。无论哪种情况，夸克都不会走很远。

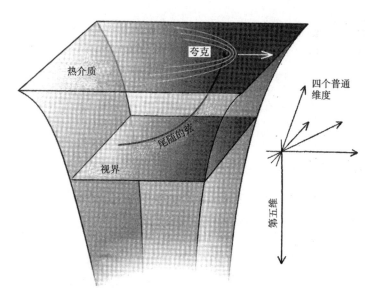

图 8.3　一个在热介质中穿过的夸克就像一团夸克—胶子等离子体拖着一根垂向第五维的弦，这根弦最终将穿过黑洞视界。当夸克移动的时候，它后面尾随的弦将对夸克产生一个拖曳的力。

我刚刚叙述的这种图景应当最适用于重夸克。重夸克的例子是粲夸克，它的质量比质子多 50%，此外还有底夸克，一个底夸克的质量是质子质量的四倍多。这些夸克基本上不存在于普通的物质里，但它们能在重离子的对撞中产生。普通物质中的"普通夸克"，连同具有相同质量的反夸克，它们通过重离子对撞实验产生，比对撞产生的重夸克要多得多。有些人正在努力把夸克及其垂下的一根弦的图景推广到普通夸克，但迄今为止这些努力都还是尝试性的。

最重要的是规范／弦对偶给我们提供了一个重夸克能在一个与夸克—胶子等离子体类似的热介质里穿越多远的估计。手上有了这个估计，下一个任务就是看其是否与实验数据符合了。

这个问题很棘手，因为以下两个原因。首先，实验物理学家无法训练一台针对夸克—胶子等离子体的显微镜并观察一个重夸克缓慢运动并停下来的过程。相反，他们的等离子体小球，包括重夸克，会在光穿越一个金原子核的时间量级里就爆炸。那是一个非常非常短的时间：只有大约 4×10^{-23} 秒，即四十个一秒的一万亿分之一的一万亿分之一。他们能够观察到的只是数以千计的粒子产生出来。他们可以通过研究这些残骸来推论粲夸克是如何与介质相互作用的，这让人印象非常深刻。我想实验物理学家对这种推论会相当谨慎，他们不得不采取半信半疑的态度。对他们的测量可能有 99.99% 的信心，但仍然不能确定粲夸克能平均穿越等离子体多远。

把规范 / 弦对偶的预言和数据比较是棘手的，为什么棘手的第二个原因是弦论计算只能应用于一个类似量子色动力学的理论，而不能应用于量子色动力学本身。理论物理学家在他（或她）能够为一个实验物理学家做出确定的预言之前必须在一个（理论）和另一个（理论）之间做一些翻译的工作。换句话说，这里是有一些不确定的东西的。诚实地处理这个翻译的最好的尝试导致了对粲夸克停止距离的预言，它或者与数据大致吻合，或者可能要除以一个因子 2。关于黏滞性也有类似的比较，结果就是对规范 / 弦对偶的计算结果而言，它或者与数据近似吻合，或者可能和结果正好差一个因子 2。

所有这些听上去都还不是开香槟的理由。尽管如此，现代弦理论的计算能和最新的实验符合到两倍之内，这对高能物理学来说仍是个巨大的新鲜事物。十五年前，所有的弦理论家都辛苦地工作于额外维度，而所有的重离子实验物理学家都在忙着建他们的巨大的探测器。甚至没人料想会有我刚才描述的那样的计算。现在我们互相研究对方的论文，我们去同一个学术会议交流，我们都为因子 2 操心，而且我们都努力指出下一步我们该做什么，这就是进步。

稍早，我提到了一个争议，这个争议是关于如何把高能夸克运动的停止翻译为牵涉弦和黑洞的过程。这个争议无论如何不是关于因子 2 的。相反，它是关于我们头脑中应有的关于高能夸克的物理图像的。我描述的这个图像牵涉一个由夸克垂下的弦，向下落在第五维中，并且进入黑洞的视界里。与之竞争的图像更抽象，但它本质上依赖于一个 U-形的弦构造，而 U 的底部正好掠过视界。因为缺乏更好的术语，我将分别称这两个图像为拖尾弦和 U-形弦。后者的一个优点是它可以用来描述普通夸克。这是一个好处，因为普通夸克的数量要多得多，因此研究起来也就更容易。U-形弦也能预言夸克的能量损失，其结果也是或者正确或者在两倍之内。麻烦在于 U-形弦和拖尾弦的"修正因子"是分别取定的。而且，每种图像的支持者都对对方做了具体的批评。这不是一个容易解决的争论。这里的问题是抽象的，两种图像用到的假设稍有不同，而与实验数据的符合只是近似。我仍把这看作是新的健康迹象，即弦理论家为至少可以近似与实验数据进行比较的计算的优缺点进行争论。

未来会如何呢？对重离子对撞，我认为答案是越多越好。弦理论家能够做的计算越多，他们就能应对更多在翻译过程中碰到的困难问题。目标是在五维构造和实验可观测量间建立一个合理连贯而且自洽的映射。这个程序有可能在某个点上遇到障碍：在弦理论构造和真实世界量子色动力学之间也许会存在一些无法逾越的差异。迄今为止这还没有发生过。也可能弦论计算因为缺少足够的能力处理技术困难而逐渐枯竭。弦论看起来确实是一阵一阵的：很多进展，相对的停滞，然后更多的进展。

大型强子对撞机的实验物理学家将考虑用比相对论性重离子对撞机（RHIC）高得多的能量撞击铅原子核。（记住，对重离子碰撞来说，铅和金几乎是一样的。）这些对撞产生的数据将给理论研究一个极大的新激励——不论其是否与弦论有关。我们可以预期的一个进展就是，大型强子对撞机的重离子对撞将比相对论性重离子对撞机能产生的重夸克要充裕得多。此外，大型强子对撞机用的探测器比相对论性重离子对撞机用的要高级得多。所以有理由期待一个更清晰的关于快速移动夸克的能量损失的物理图像会从大型强子对撞机浮现。

尽管如此，公正地说围绕大型强子对撞机的主要焦虑是：它将发现什么新粒子？什么新的对称性？对于这些新发现，质子—质子对撞无疑要比重离子对撞合适得多，首先是因为平均分配到每个质子上的能量会更高，其次是因为环境不那么嘈杂。预言大型强子对撞机将会发现什么，对理论物理学家而言，自然就不仅仅是个爱好。当你读到本书的时候，也许你已经知道得比我还多了。但我将冒险猜测：除非我们足够幸运，这些发现不会像闪电一样划过天空。实验很难，理论很抽象，而把两者协调起来也将会涉及困难和争议，它们将比我在本章中描述的还要尖锐。即便立刻会有几项新发现，把每个细节都放进连贯一致的图景里仍可能是一个漫长而困惑的过程。因为弦论迄今为止的成就，是因为它丰富的数学结构，也因为它关涉如此广阔的理论概念的方式，从量子力学到规范理论到引力，我希望弦论将是最后答案中的一个关键部分。

尾 声

在刚刚结束了这个对弦论的简介后，关于弦论我们有很多方面是可以继续思考的。我们可以思考它对时空的独特要求，比如十维和超对称。我们可以思考那些特殊的对象它们所需要的，从D0-膜到世界末端膜的每样东西。我们可以思考它的微弱但越来越多地与实验物理学的联系。我们还可以权衡由此而来的争议：弦论是否值得发展？它是否被夸大了？又或是否被过度中伤了？

在所有这些有趣的主题中，我认为最值得我们在即将结束的时候介绍的是构成弦论核心的数学。我这一代的读者可能会记得温蒂汉堡的广告片，片中灰色短发的女士问，"牛肉在哪里？"嗯，在弦论中牛肉就是那些方程。几乎弦论中的所有方程都会涉及微积分，这使得它们无法被公众理解。所以我会努力选出几个重要的方程，它们大致延续我们从第5章到第8章中的主题，并将它们用语言表达出来。

弦论中最基础的公式是描述弦如何运动的方程。这个方程说弦将以如此的方式在时空中运动，即弦在时空中划出的面积会保持最小。这种运动没将量子力学考虑进去。这里还有另外一个方程——其实是一组方程——解释了如何在弦的运动中考虑量子力学。这些方程说弦的任何运动都是可能的，但只有那些和面积最小运动区别不大的运动会互相加强。这里我说"加强"的意思就好像是一个罗马的法西斯：一束互相平行的细木棍。这样的一束木棍非常强，比任何单独的一根木棍要强得多。弦的每种可能的运动都像是一根木棍。大部分运动都因缺乏条理互相抵消了。但那些和面积最小运动接近的运动就相当于是以某种方式"平行"存在的木棍，这使得它们在描述弦的量子力学方程中占了优势。

描述 D-膜的方程是描述弦方程的变种。它们最突出的特点是当很多 D-膜紧密地群集在一起的时候（也像是一个罗马的法西斯），它们有比时空维度更多的方式去运动。不论 D-膜多么显著地彼此分开，十维时空会描述它们的相对位置。但当 D-膜足够近的时候，一个规范理论就可用来描述它们的运动。这个规范理论的方程说弦在成对的膜之间张开，就像我在第 95 页中描绘的，不能确切地说是从一个"红"膜跑到一个"蓝"膜，还是从"绿"膜跑到"红"膜。相反，所有这些可能性会在一个单独的带颜色的波函数中被叠加在一起，就像幻想即兴曲中的那些悦耳的和声，不同的旋律混合在一起但又不失它们各自的特征。

弦对偶方程有不同一般的破碎的特征。那些进入超引力层次的特征令人惊讶的简单，它们常常在表达一些对称的关系。

用以表达弦和膜的特征是量子力学的，但仍足够简单：在我们的上下文中最常见的一类方程是说膜的电荷（或类似电荷的）必须取合适单位的整数值。在弦对偶中还有很多，很多进一步的方程，它们常常来自对如何从我们讨论过的简单直观的关系中推出定量结果的仔细描述。一个例子是我们如何从计算一簇 D0-膜的量子涨落来推知它对这一簇膜的质量贡献。答案是——它们压根就没有贡献——这个结论最早是被一个基于和 M-理论有关的对偶性所预言，然后又过了很久才被用方程严格地证明。

超对称方程由类似 $a \times a = 0$ 这类关系出发。这个方程有好几个意思。它意味着对费米维度而言只有两个运动的态：运动或停止。它还意味着两个费米子不能占据相同的态（不相容原理），就如我们讨论一个氦原子中的电子那样。超对称由类似 $a \times a = 0$ 这样的简单关系出发，发展出有助于形成现代数学的真正复杂的方程。

描述黑洞和规范 / 弦对偶的方程主要有两类。第一类方程是一个微分方程。这些方程描述了时空中一个弦或一个粒子的详细的随时间变化的行为，或时空本身。第二类方程有更多整体的特色。你一次性地在一整套时空中描述发生了些什么。这两类方程通常是紧密相关的。比如，有一个微分方程相当于在说，"我在下落！"那么就会有一个描述一个黑洞视界的整体方程相当于在说，"越过这条线你就永远无法回头了"。

尽管数学对弦论很重要，但把弦论看作是方程的一个大集合是错误的。方程就像一幅画里的笔触。没有笔触就不会有画，但一幅画并不仅仅是笔触的一个大集合。毫无疑问，弦论还是一幅没画完的油画。关键问题是，当空白之处被填满之后，我们得到的这幅图画能反映这个世界吗？

关键术语英汉对照表

A

and 不确定原理和 ~, 15-18, 21; zero-point energy and 零点能和 ~, 44-45

axis of rotation 旋转轴, 82-86,121,136

B

black holes 黑洞, 引言 1, 引言 8, 10, 33-40, 43-46; at centers of galaxies 在星系中央的 ~, 34; D-branes and D-膜和 ~, 46, 93-100; $E=hv$ 和 ~, 39; falling into 掉进 ~, 33-36; fifth dimension and 第五维和 ~, 引言 6, 168-179; fish analogy for ~ 的鱼类比, 36; fluctuations in ~ 的涨落, 46; general relativity and 广义相对论和 ~, 40-43; glow of ~ 的闪光, 43-46; gravity and 引力和 ~, 31-46; heavy ions and 重离子和 ~, 167-171; horizons of ~ 的视界, 引言 4, 33, 37-39, 93-94, 98-99, 126-127, 167-168, 174; light and 光和 ~, 31-46, 33; mass and 质量和 ~, 34, 46; photons and 光子和 ~, 39; QCD string and QCD 弦和 ~, 171-173; quantum mechanics and 量子力学和 ~, 43-46; quark-gluon plasma and 夸克-胶子等离子体和 ~, 引言 5, 159-160,165-175; singularities and 奇点和 ~, 33-37, 42, 46; spontaneous creation and destzruction of particle pairs and 粒子对的瞬间产生和湮灭与 ~, 46; stars near 靠近 ~ 的恒星, 38; string theory and 弦论和 ~, 46; temperature and 温度和 ~, 43-46, 170; thermal energy and 热能和 ~, 43-46; tidal forces and 潮汐力

fifth dimension and 第五维和 ~, 169; fluctuations of ~ 的涨落，124-128; quantum chromodynamics (QCD) and 量子色动力学（QCD）和 ~, 123-128; string dualities and 弦对偶和 ~, 111

D5-branes D5-膜，98, 110-111

dark matter 暗物质，155

D-branes D-膜，引言 8, 46, 49, 73, 148, 181; annihilation and 湮灭和 ~, 90, 93; anti-D0-brane and 反 D0-膜和 ~, 89-93; black holes and 黑洞和 ~, 45-46, 93-99; charge and 电荷和 ~, 88-93, 96; coal analogy and 煤块类比和 ~, 96-97; defining property of ~ 的定义，77-78; edges of the world and 世界的边缘和 ~, 99-104; finite temperature and 有限温度和 ~, 46, 94-97, 126-127; gauge symmetry and 规范对称和 ~, 86-88; gravity and 引力和 ~, 91; mass and 质量和 ~, 12, 78, 93-98; M-theory and M- 理论和 ~, 99-104; open strings and 开弦和 ~, 99; as point particles 作为点粒子的 ~, 78, 82; quantum chromodynamics (QCD) and 量子色动力学（QCD）和~, 123-127, 168; quantum fluctuations of ~ 的量子涨落，78; solitons and 孤子和 ~, 102; strings between ~ 之间的弦，56-57, 91-93, 95, 124-125; string dualities and 弦对偶和 ~, 109-117, 123-128, 125-127, 156; symmetries of ~ 的对称性，78, 81-83, 86-88; twenty-six dimensions and 26 维和 ~, 78

electron fields 电子场, 21

electrons 电子, 引言 1, 引言 4-5, 182; atomic structure and 原子结构和~, 17-23; charge and 电荷和~, 引言 2, 52, 85-87; energy levels and 能级和~, 19-22, 26, 55-57; equation for ~ 的方程, 152; mass and 质量和~, 4; pairing of ~ 的配对, 146-147; photon emission and 光子发射和~, 26, 52-53, 162, 171; as point particle ~作为点粒子, 161; positrons and 正电子和~, 53, 152-154, 161; quantum mechanics and 量子力学和~, 18-26; renormalization and 重整化和~, 52-54; response to proton's electric field ~ 对质子电场的响应, 171-172; spin and 自旋和~, 83-85; Standard Model and 标准模型和~, 133; string dualities and 弦对偶和~, 117, 119-121; string theory and 弦论和~, 63; super 超级~, 151; superconductivity and 超导电性和~, 146-147; supersymmetry and 超对称和~, 135, 140-143, 151; uncertainty principle and 不确定原理和~, 18-21; varying speed of ~ 的不同速度, 26-28; wave and 波动和~, 20-22; zero-point energy and 零点能和~, 44, 58

electron volts 电子伏, 25

electrostatic forces 静电力, 94

eleventh dimension 第十一维, branes and 膜和~, 73-97, 88-90, 91, 101-102; low-energy limit and 低能极限和~, 77; M-theory

G

and 快子和 ~, 60-62; uncertainty principle and 不确定原理和 ~, 52

gravity 引力, anomalies and 反常和 ~, 引言 2; black holes and 黑洞和 ~, 31-46; compactification and 紧化和 ~, 74; D-branes and D-膜和 ~, 91; fundamental physics and 基础物理学和 ~, 引言 4; gauge symmetry and 规范对称和 ~, 121-128, 179, 181; general relativity and 广义相对论和 ~, 引言 2, 10, 36, 40-41, 51, 54; low-energy limit and 低能极限和 ~, 75, 77, 99-100, 160; mass and 质量和 ~, 4; Newtonian theory of 牛顿的 ~理论, 40; quantum mechanics and 量子力学和 ~; 51-55, 90-91; redshift and 红移和 ~, 42; renormalization and 重整化和 ~, 51-55, 122-123, 149, 155, 162; singularities and 奇点和 ~, 34-37, 42, 46; speed of light and 光速和 ~, 40-42; string dualities and 弦对偶和 ~, 114-115; supergravity 超引力, 54, 75-77, 89, 99, 102, 114, 128; tidal forces and 潮汐力和 ~, 36-38; time and 时间和 ~, 43; waves and 波和 ~, 39-41; weight and 重量和 ~, 4, 33

Grotto Wall, Colorado, 格罗托壁, 科罗拉多, 31

group 群, 79-81（另见 Symmetry, group 对称, 群）

H

hard process 硬过程, 149, 162-166

H-bombs 氢弹, 164

电荷和 ~, 85-87; compactification and 紧化和 ~, 74; eleventh 第
11 维, 73-77, 87-90, 91, 99-103, 119, 121; fermionic 费米维度,
136-142, 182; fifth 第 5 维, 引言 4, 6, 89-90, 159-179; four 四维,
引言 4, 6, 141-146, 169-170; low-energy limit and 低能极限和 ~,
75, 77, 99-100, 160; quantum chromodynamics (QCD) and 量子色
动力学（QCD）和 ~, 122-126, 142, 170-177; string dualities and
弦对偶和 ~, 115-128; supersymmetry and 超对称和 ~, 134-141（另
见 supersymmetry 超对称）; tachyons and 快子和 ~, 59-63, 74, 78,
90-93, 110, 132-135, 140; ten 十维, 引言 3, 62, 78, 102-103, 110,
116, 127, 141-143, 169, 180-181; theory of everything and 万有理
论和 ~, 141-147; time and 时间和 ~, 4; twenty-six 26 维, 引言 3,
60-63, 66-67, 78, 82, 110

higher-temperature superconductivity 高温超导电性, 146-
147

Hilbert, David 大卫·希尔伯特, 引言 7

hydrogen 氢, 7, 57; atomic structure and 原子结构和 ~, 17-
18; frequency of ~ 的频率, 13-14, 19-21; magnetic resonance
imaging (MRI) and 磁共振成像（MRI）和 ~, 83-84; quantum
mechanics and 量子力学和 ~, 13-14, 25-26; uncertainty principle
and 不确定原理和 ~, 18; zero-point energy and 零点能和 ~, 44

N

photons 光子 , 23-26, 83-86; axis of rotation and 旋转轴和 ~, 83-85; black holes and 黑洞和 ~, 39; as bosons 作为玻色子的 ~, 137; branes and 膜和 ~, 94, 97, 101, 104, 126; characteristics of light and 光和 ~ 的特征 , 22-26; compactification and 紧化和 ~, 74; constant speed of ~ 的恒定速度 , 27-28; $E=hv$ 和 ~, 22, 24-25, 28, 39; electron emission of 电子的 ~ 发射 , 26, 52-53, 162, 171; fermionic dimensions and 费米维度和 ~, 136-143; gauge symmetry and 规范对称和 ~, 84-85, 121; gluons and 胶子和 ~, 123, 161-162, 171-172; gravity and 引力和 ~, 39; quantum mechanics and 量子力学和 ~, 14, 17, 21-28; spin and 自旋和 ~, 83-88; string dualities and 弦对偶和 ~, 121-126; string theory and 弦论和 ~, 50-53, 57, 60-63; supersymmetry and 超对称和 ~, 94, 135-137, 148, 152; symmetry and 对称和 ~, 121-123; tachyons and 快子和 ~, 62; virtual 虚 ~, 171

π 派（即圆周率）, 16

piano strings 钢琴弦 , 19-21, 44, 55-57, 61, 90

pitch (aviation) 俯仰（航空） 122; (climbing) 斜坡（登山） 32; (musical) 音高（音乐）20, 55

Planck, Max 马克思·普朗克 , 引言 7

Planck's constant 普朗克常数 , 16-17, 22, 25

Q

S

33-37, 42, 46, 69; solitons and 孤子和 ~, 102-103, 110-114, 148; supersymmetry and 超对称和 ~, 131-146; tachyons and 快子和 ~, 59-63, 74, 78, 90-93, 110, 131-135, 140; time dilation and 时间膨胀和 ~, 4-7, 26-27; waves and 波动和 ~, 20-22; worldsheet string theory and 世界面弦论和 ~, 66-68, 74, 141-142

sparticles 超粒子, 151-156

special relativity 狭义相对论, 7, 9-10, 26-27, 41

speed 速度, 3; fermionic dimensions and 费米维度和 ~, 136; kinetic energy and 动能和 ~, 7; time dilation and 时间膨胀和 ~, 4-7, 26-27

speed of light 光速, 3; $E=mc^2$ 和 ~, 6; passing through matter 穿越物质, 28; relativity and 相对论和 ~, 26-27, 40-43; time dilation and 时间膨胀和 ~, 4-7, 26-27

spin 自旋, 引言 3, 62, 88, 98, 109, 154, axis of ~ 的轴, 83-86, 121, 136; electrons and 电子和 ~, 83-85; fermionic dimensions and 费米维度和 ~, 136-143; gauge symmetry and 规范对称和 ~, 83-85; gravitons and 引力子和 ~, 136-137; magnetic resonance imaging (MRI) and 磁共振成像（MRI）和 ~, 83; new particles and 新粒子和 ~, 152; photons and 光子和 ~, 83-88; polarization and 偏振和 ~, 86; protons and 质子和 ~, 83; turntable analogy and ography

T

图书在版编目（CIP）数据

弦理论/（美）古布泽（Gubser,S.S.）著；季燕江
译.—重庆：重庆大学出版社，2015.10（2023.1重印）
（微百科系列）
书名原文: The Little Book of String Theory
ISBN 978-7-5624-9023-4

Ⅰ.①弦… Ⅱ.①古…②季… Ⅲ.①理论物理学—
研究 Ⅳ.①O041

中国版本图书馆CIP数据核字（2015）第093033号

弦理论
XIAN LILUN

[美]斯蒂文·斯科特·古布泽（Steven S.Gubser） 著
季燕江 译

策划编辑：王 斌 敬 京
责任编辑：陈 力 版式设计：敬 京
责任校对：张红梅 责任印制：赵 晟
*
重庆大学出版社出版发行
出版人：饶帮华
社址：重庆市沙坪坝区大学城西路21号
邮编：401331
电话：（023）88617190 88617185（中小学）
传真：（023）88617186 88617166
网址：http://www.cqup.com.cn
邮箱：fxk@cqup.com.cn（营销中心）
全国新华书店经销
印刷：重庆市正前方彩色印刷有限公司
*
开本：890mm×1240mm 1/32 印张：7.5 字数：130千
2015年10月第1版 2023年1月第10次印刷
ISBN 978-7-5624-9023-4 定价：29.00元

版贸核渝字(2013)第286号